U0252564

图像信息隐藏技术

汪维清 ◎ 著

清华大学出版社

北京

内 容 简 介

本书针对可逆信息隐藏技术存在的问题提出了解决信息隐藏过程中抗干扰的具体方法,建立了在信息隐藏过程中隐秘图像发生嵌入失真的数学模型,分析了信息隐藏过程中出现的上溢和下溢机理,提出了相应的解决方法,构造出更为陡峭的误差差分分布直方图模型。书中主要介绍以下 5 方面内容:基于有效位差分扩展的可逆信息隐藏算法、基于左右平移的大嵌入容量可逆信息隐藏算法、基于双向差分扩展的可逆信息隐藏算法、一种有效的无移位的多位可逆信息隐藏算法及基于二阶差分的新型大嵌入容量可逆信息隐藏算法。

图书在版编目(CIP)数据

图像信息隐藏技术/汪维清著. —北京:清华大学出版社,2023.12
ISBN 978-7-302-63318-1

Ⅰ.①图…　Ⅱ.①汪…　Ⅲ.①计算机图形学－加密技术－研究　Ⅳ.①TP391.411

中国国家版本馆 CIP 数据核字(2023)第 060510 号

责任编辑:汪汉友
封面设计:何凤霞
责任校对:郝美丽
责任印制:宋　林

出版发行:清华大学出版社
网　　　址:https://www.tup.com.cn,https://www.wqxuetang.com
地　　　址:北京清华大学学研大厦 A 座　　邮　　编:100084
社 总 机:010-83470000　　　　　　　邮　　购:010-62786544
投稿与读者服务:010-62776969,c-service@tup.tsinghua.edu.cn
质量反馈:010-62772015,zhiliang@tup.tsinghua.edu.cn
课件下载:https://www.tup.com.cn,010-83470236
印 装 者:三河市人民印务有限公司
经　　销:全国新华书店
开　　本:170mm×230mm　　　印　张:11　　　字　数:198 千字
版　　次:2023 年 12 月第 1 版　　　印　次:2023 年 12 月第1 次印刷
定　　价:99.00 元

产品编号:096666-01

西南大学商贸学院高级智慧管理
研究项目组

主　　任：李晓阳

副　主　任：罗先文　　韩　　毅

秘　　书：施庆伟　　于庆瑞

成　　员：李晓阳　　胡继宽　　姚文　　沈忠明

前　言

当今社会,信息技术不断发展,极大地方便了人们的通信和交流。人们利用信息技术可以方便、快速地将文本、图像、音频、视频等数字信息传遍全球。与此同时,不断有人利用网络信息技术进行恶意破坏、攻击等违法活动,这使得网络安全工作更加重要。密码技术是信息安全领域的主要技术之一,是认证、访问控制的核心,其目的是隐藏信息的含义而不是隐藏信息,已广泛应用在电子商务、自动柜员机的芯片卡等日常生活中,以保护网络信息安全。

由于加密技术存在局限性,因此可逆信息隐藏技术作为一种新的信息安全技术在最近十几年迅速发展。可逆信息隐藏技术的目的是将机密信息嵌入公开的图像、视频、语音、文本等文件的载体信息中,然后通过这些嵌入后的公开载体信息进行传递。可逆信息隐藏技术在军事、情报、国家安全方面的应用越来越广,设计出高度安全的隐秘图像算法是一项具有挑战性的课题。

本书总结了图像可逆信息隐藏技术研究工作涉及的基础理论和技术方法,在此基础上提出了自己的创新算法,力求对可逆信息隐藏技术的研究进行有益尝试。全书共分8章,具体内容如下。

第1章绪论。介绍可逆信息隐藏技术的研究背景与意义,国内外信息隐藏技术的研究现状,以及研究当前可逆信息隐藏研究中存在的问题。

第2章数学基础理论。主要介绍可逆信息隐藏研究需要用到的一些基本数学理论与模型。

第3章基于有效位差分扩展的可逆信息隐藏算法。主要研究像素二进制有效位和差分扩展隐藏的基本模型,并通过仿真实验分析算法的嵌入容量、隐秘图像的峰值信噪比、算法对噪声的稳健性等。

第4章基于左右平移的大嵌入容量可逆信息隐藏算法。主要研究矩形预测误差的分布特点,提出了左右平移基本模型,探讨了用该方法对上溢和下溢问题的处理。

第5章基于双向差分扩展的可逆信息隐藏算法。主要研究双向差分扩展基本模型以及上溢和下溢问题的解决方法。

第 6 章一种有效的无移位的多位可逆信息隐藏算法。研究的是无移位的多位可逆信息隐藏算法基本模型,探讨有限载荷的嵌入及阈值。

第 7 章基于二阶差分的新型大嵌入容量可逆信息隐藏算法。主要研究二阶差分可逆信息隐藏算法的基本模型,介绍建立对应嵌入容量-嵌入失真模型的方法。

第 8 章总结与展望。总结全文的研究工作,并展望可逆信息隐藏算法的研究。

由于理论水平所限,书中不足之处,欢迎广大读者不吝赐教。

著　者

2023.10

CONTENTS >>>

第 1 章

绪　　论

信息隐藏(information hiding)又称数据隐藏,本章主要介绍可逆信息隐藏技术法(reversible data hiding,RDH)的研究背景、意义、基本概念、RDH 分类及其在国内外研究现状、当前 RDH 研究中存在的问题、针对 RDH 研究中的问题而提出的主要研究内容与创新点,以及本书的组织结构安排。

1.1 信息隐藏的研究背景与意义

1.1.1 信息隐藏的研究背景

信息技术已渗透到人们生活的各个角落,成为日常生活中重要的组成部分。随着计算机与互联网技术的发展,人们可以方便、快捷地在网络上交流信息,例如,网购、微信分享、QQ 交流、文件传送等。随着网络信息技术的发展,人们在体验信息交流的方便和快捷的同时,也给恶意攻击者带来了信息伪造和篡改的机会,使信息交流受到严重的安全威胁,使用户付出惨痛的代价。例如,随着信息与网络技术的高速发展,数字产品版权问题越来越严重,使非法复制数字产品变得轻松自如、成本低廉,使软件、图书、电影和音乐的出版遭受严重的经济损失,极大地打击了创作的积极性;再如,一些机密文件、个人隐私信息、政府部门网站、企事业单位的内部信息等若被恶意攻击、获得或者恶意篡改,都会带来难以弥补的损失。

人们对数字产品进行信息安全保护时,使用的就是密码技术。用户先将拥有版权的数字产品内容进行加密,然后再传送给授权用户,并把产品密钥通过另外的途径传送给他们。非授权用户即使通过网络技术非法获得了该数字产品的密文文件,也会因无法获得该数字产品的密钥而不能破解出该数字产品的真正内容,从而达到信息保护的目的。实际上,这种加密技术也会催生出另外一些盗版者,一旦他们通过解密技术破解了密文文件的内容,就会使数字产品的所有保护失去意义。

信息隐藏技术弥补了密码学的不足,它会以人们不易察觉的方式将信息隐藏在数字媒体中,即使通过压缩、加密、解密等变换过程,其中的隐藏信息也不会改变。同时,由于非授权用户感知不到隐藏的信息,就不会去破解,从而达到真正保护数字产品的目的。

虽然信息隐藏技术在版权保护、数字媒体授权等方面应用广泛,但是传统的信息隐藏技术仍存在较大缺陷,例如隐秘图像在提取信息后不能完全正确地复原成原始的载体图像,对军事、医学及法律应用等要求较高的特殊应用,即使载体信息(如图像)有一点小小的改变都不可忽视。因此,出现了大量 RDH 技术的相关研究。使用该技术可以在保证在提取出隐藏信息的同时又能无损地恢复载体图像。当前,RDH 的稳健性也存在一些问题,例如在信息隐藏过程中处理上溢和下溢问题就不是很理想,此外还有寻找更为陡峭的误差直方图困难,等等。这就促使人们去研究隐藏性能更好的 RDH 技术。

1.1.2　信息隐藏基本概念

电影《唐伯虎点秋香》中有这样一个剧情,在唐伯虎写下的卖身契中隐藏着一个秘密,即契约每列的第一个字连起来即为"我为秋香"。该剧情中应用的信息隐藏技术稍显简单,读者稍微用心阅读,便可分析出其中隐藏的秘密信息。下面,是一个破解难度较大的信息隐藏案例。

据说在清朝的嘉庆年间,桃花源有位长得风姿秀雅的才女,名叫许芙蓉。一天,她精心绣出一首有 49 字的奇文诗句,并将其悬挂于遇仙桥的楹柱上(如图 1.1(a)所示),并承诺哪位青年才俊能将其断句成诗,自己便会嫁给他。

纵观全诗,格律平仄严谨,但顺序念来却无一成句,诗意难明。这一奇事很快便招来四方才子,结果他们都纷纷败下阵来。终于有一天,来了一位风神俊逸的青年才俊,大笔一挥成诗一首,如图 1.1(b)所示。书童将诗呈给芙蓉,芙蓉看后窃喜,便嫁与了该才俊青年——《镜花缘》的作者李汝珍。

这个故事应用的信息隐藏技术比前面故事的信息隐藏技术难度大了许多,如果不经提示,很难察觉出原诗中隐藏的表明作者心扉的秘密信息。其实,原诗为一首半叠字的藏头螺旋诗,如果从位于诗中心的"牛"字沿顺时针方向向外旋转阅读,并将上一句尾字的半边就是下一句的首字,如"響"字的下半边"音"字就是下一句的首字。按此方法,即可解读诗中隐藏的秘密信息。

从上面两个故事可以发现,作者将自己的秘密信息隐藏在正常的文本信息

(a) 原诗句   (b) 隐藏的诗句

图 1.1 信息隐藏诗

中,信息接收者必须经过认真分析才可以从密文中解读出秘密信息。如果信息隐藏技术应用得好,则根本不会知道其中隐藏了秘密信息。信息隐藏就是一种充分利用了人体感官的不敏感性以及文本、图像、音频及视频等多媒体信息本身内容的相关性,将需要保密的秘密信息隐藏在公共媒体信息中进行传输的技术。由于非法用户的感官不能察觉与发现传送的秘密信息,才使得隐藏信息的内容得以安全地传送给授权用户。信息隐藏技术又可分为隐写术(steganography)和数字水印(digital watermark)技术。隐写术来源于特里特米乌斯的著作 *Steganographia*,希腊语意为"隐秘书写",是指以图像、音频、视频等数字媒体为载体,将待传送的秘密信息以不引起外界注意的方式嵌入载体中,并通过公共信道(特别是互联网)传递信息;而数字水印是将能够标志产品版权的出品时间、地点、版权拥有者以及版权使用者等信息用一种不易被人察觉的方式嵌入载体中,并在需要时通过相应的方法将这些隐藏信息从载体中检测或提取出来[1]。

对于医学、军事以及需要版权保护的一些特殊应用场景,提取信息后的载体图像即使有细微的损失也是不容忽视的,于是就出现了 RDH 技术。使用该技术后,授权信息接收者不仅能正确地提取出发送者传送的秘密信息,还能无损地复原出原始的载体图像。其中,秘密信息是想要发送给授权用户的秘密内容,例如版权拥有者或使用者信息、交易双方的合同等。通常情况下,为了便于隐藏,会先将其转换为二进制编码;秘密信息是指图像、音频、视频等可公开传送的信息。

可逆信息隐藏的过程是先将需要向授权用户传送的秘密信息转换成二进制信息,然后利用设计好的 RDH 算法隐藏在公共载体图像中,从而形成包含秘密信息的隐秘图像,然后通过公共传输信道将隐秘图像传输给授权用户,如

图 1.2 所示。授权用户在收到隐秘图像后,先利用相应的信息提取和图像复原算法将隐秘图像中的二进制秘密信息提取出来,并无损地恢复原始载体图像,然后将二进制秘密信息转换成传送的信息。由此,可以将 RDH 技术分解成以下两个独立步骤研究:一是 RDH 隐藏策略,即将秘密信息以一种不易察觉的方式隐藏在公共信息载体中;二是秘密信息的提取以及原始载体图像的恢复策略,此过程不但要求能够准确无误地提取出给授权用户的秘密信息,而且还要保证无损地复原原始载体图像。

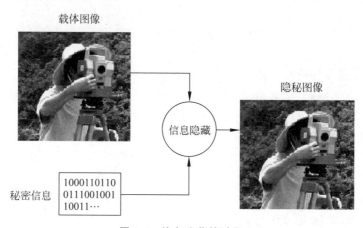

图 1.2　信息隐藏的过程

1.1.3　信息隐藏技术的应用

　　信息与网络技术的进步使信息安全技术的研究迅猛发展,信息隐藏技术在电子商务、保护数据完整性、数字版权保护以及隐秘信息通信等领域的应用也越来越受到人们的重视。

　　(1) 电子商务活动。人们在进行电子商务交易的过程中会担心电子商务谈判的内容、商务协议、网上交易记录及商务活动的电子合同等秘密信息在网上传输时被非法用户窃取。在这些重要的电子商务活动中,可以应用信息隐藏技术以不易察觉的方式进行信息的隐藏、存储和传输[2]。与此同时,为了预防进行电子交易的双方对已发生的电子商务行为抵赖,在发送或接收电子商务交易信息时都必须加上交易双方不可去除的水印信息,以确保电子商务交易能够顺利进行。

　　(2) 保护数据的完整性、真实性及版权保护。在法律、医学、新闻和商业等活动中,常常会用到图像、视频、音频等数字媒体。为了保证真实性和可信性,通常会在其中嵌入这些数字媒体版权拥有者的私人水印信息,以避免修改、伪造等情况的发生。例如,在对产品包装进行防伪处理时,必须先根据自己的具体情况选用一种较好的图像信息隐藏算法,并将防伪信息嵌入商标图像的电子文件,然后制版、印刷。这样一来,包装上的图像就包含了不易察觉的防伪信息,具体过程如图 1.3 所示。当要检验某款产品是否是假冒时,必须先用数字照相机、扫描仪等设备将产品包装图像转化为数字图像,然后用与信息嵌入时匹配的信息提取算法提取或者检测隐藏的防伪信息,具体过程如图 1.4 所示。当嵌入算法和信息提取算法不匹配时,提取的结果就会与嵌入的信息不一样,从而确认其为假冒产品。作为数字产品的版权拥有者,为了防止非法用户通过简单地复制就能得到和使用,可先将自己的序列号(ID)等版权信息用特定的方法隐藏在数字产品中。当用户复制时,会自动调用特定的提取算法提取出用户的授权情况,从而确定是否为非法使用。在司法领域,也可以通过信息隐藏和提取技术来鉴定数字产品的真伪。

图 1.3　嵌入防伪信息

图 1.4　提取防伪信息

　　(3) 使用控制。信息隐藏技术用于使用控制的经典实例就是 DVD 防盗版系统,即将授权用户的 ID 或指纹等秘密信息利用特殊的信息隐藏算法嵌入 DVD 数据中。这样一来,DVD 设备就可通过特定的信息提取方法提取出 DVD 中嵌入的授权用户信息,并以此判断该用户是否具有该 DVD 的复制权利。通过这种方式,可以保护数字产品拥有者的商业利益,促进生产积极性。

　　(4) 隐秘通信。信息隐藏技术在信息安全中最直接的应用就是通过隐藏的信息进行通信。它是利用信息隐藏技术将秘密信息隐藏在可以公开传播的媒体之中,然后以一种不易察觉的方式通过公开途径进行传播。通过这种方式,可在通信的过程中提高隐秘程度,降低通信的难度和成本。例如,在 1999 年爆发的科索沃战争中,为了防止作战的关键信息被敌方窃取,美军施行了严格的保密制度,对敌方实行了严格的信息封锁。但南联盟军方在美军信息封锁前,就利用信息隐藏技术从公共信道上获取了美军的部分军事计划,并据此有效地阻止了美军的强有力进攻[3]。

1.2 国内外可逆信息隐藏方法的研究现状

随着互联网的日益发展,信息交换与共享越来越方便,但是信息的存储与传输也越来越不安全。为此,人们提出了信息隐藏技术,即将机密信息以某种不易察觉的方式隐藏在载体图像中,从而避免非授权用户的恶意攻击[4]。通常情况下,数据隐藏方法可分为不可逆信息隐藏(irreversible data hiding, IDH)[5-7]与可逆信息隐藏[8-12]两大类。

IDH 的基本模型中,设灰度载体图像像素的灰度为$[0, N-1]$(通常 $N = 256$)[13],图像位置(i, j)处的灰度用 $p_C(i, j)$ 表示。利用一个信息位覆盖一个像素的最低有效位(least significant bit, LSB),得到隐秘图像像素 $p_S(i, j)$,于是使用不同的 LSB 匹配方法可嵌入不同的信息量[6,13-15],如图 1.5 所示。例如,文献[15]只匹配直方图中灰度级的出现频次为 n 的像素,即

$$h_C(n) = \{(i, j) \mid p_C(i, j) = n\}, \quad n \in [0, N-1] \tag{1.1}$$

由于载体图像直方图 $h_n(n)$ 与隐秘图像直方图 $h_S(n)$ 具有相似性。于是,隐秘图像的噪声随机变量的概率密度函数为

$$f_\Delta(n) \cong p(p_S(i, j) - p_C(i, j) = n), \quad n \in [0, N-1] \tag{1.2}$$

文献[6]中所用的方法是,一次将两个信息位嵌入两个像素中。该方法首先将二维灰度图像转换为一维数组,并设嵌入前的两个像素分别为 x_i 与 x_{i+1},嵌入两个秘密信息位 m_i 与 m_{i+1},嵌入秘密信息位后的两个像素分别为 y_i 与 y_{i+1}。嵌入后,y_i 的最低有效位等于 m_i 的最低有效位即 $\mathrm{LSB}(y_i) = \mathrm{LSB}(m_i)$,而 m_{i+1} 则是 y_i 与 y_{i+1} 的一个函数值。如果一个二进制函数具有式(1.3)所示的属性

$$f(l-1, n) \neq f(l+1, n), \quad \forall l, n \notin \mathbf{Z} \tag{1.3}$$

则可以通过设置函数 $f(y_i, y_{i+1})$ 的值来对 y_i 进行加或减运算,从而使 y_i 携带一个信息位。

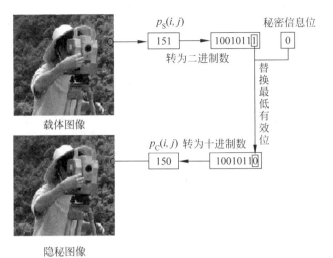

图 1.5 LSB 匹配嵌入

如果函数 $f(l,n)$ 具有如下形式

$$f(l,n) \neq f(l,n+1), \quad \forall l,n \notin \mathbf{Z} \tag{1.4}$$

则 $n+1$ 或 $n-1$ 都会改变函数 $f(l,n)$ 的值。

令函数 $f(y_i,y_{i+1})$ 为

$$f(y_i,y_{i+1}) = \mathrm{LSB}(\lfloor y_i/2 \rfloor + y_{i+1}) \tag{1.5}$$

则函数 $f(y_i,y_{i+1})$ 具有式(1.3)及式(1.4)所示的属性。由此,文献[6]的算法按式(1.6)和式(1.7)嵌入信息,嵌入实例如表 1.1 所示。

$$y_i = \begin{cases} x_i, & m_i = \mathrm{LSB}(x_i) \\ x_i - 1, & m_i \neq \mathrm{LSB}(x_i), m_{i+1} = f(x_i - 1, x_{i+1}) \\ x_i + 1, & m_i \neq \mathrm{LSB}(x_i), m_{i+1} \neq f(x_i - 1, x_{i+1}) \end{cases} \tag{1.6}$$

$$y_{i+1} = \begin{cases} x_{i+1} \pm 1, & m_i = \mathrm{LSB}(x_i), m_{i+1} \neq f(x_i, x_{i+1}) \\ x_{i+1}, & m_i = \mathrm{LSB}(x_i), m_{i+1} = f(x_i, x_{i+1}) \\ x_{i+1}, & m_i \neq \mathrm{LSB}(x_i) \end{cases} \tag{1.7}$$

虽然 IDH 技术能从隐秘图像中正确提取信息,但是复原的载体图像却有一定的损失,不能应用在一些要求较高的应用中。而 RDH 技术因其不仅能从隐秘图像中正确地提取信息,而且载体图像也能无损地复原,故 RDH 技术的研究成为了 DH 的研究热点。通常情况下,RDH 技术可分为基于差分扩展(difference expansion,DE)的 RDH,基于直方图平移(histogram shifting,HS)的 RDH,基于预测误差扩展(prediction error expansion,PEE)的 RDH,以及基于双图像和图像内插的 RDH 这 4 类。

表 1.1　信息对 (m_i, m_{i+1}) 嵌入像素对 (y_i, y_{i+1}) 的实例

x_i	x_{i+1}	m_i	m_{i+1}	y_i	y_{i+1}	x_i	x_{i+1}	m_i	m_{i+1}	y_i	y_{i+1}
1	1	0	0	2	1	2	1	0	0	2	1
1	1	0	1	0	1	2	1	0	1	2	0 或 2
1	1	1	0	1	0 或 2	2	1	1	0	3	1
1	1	1	1	1	1	2	1	1	1	1	1
1	2	0	0	0	2	2	2	0	0	2	1 或 3
1	2	0	1	2	2	2	2	0	1	2	2
1	2	1	0	1	2	2	2	1	0	1	2
1	2	1	1	1	1 或 3	2	2	1	1	3	2

1.2.1　基于差分扩展的可逆信息隐藏

基于差分扩展的 RDH 技术由 Tian[16] 率先提出,该技术利用相邻像素间的差分来嵌入信息,并同时保持两个像素嵌入前后的均值不变。设 8 位载体灰度图像的两相邻像素对为 (x_1, x_2),则这两个像素的均值 m 与差分 v 分别由式(1.8)和式(1.9)得到

$$m = \left\lfloor \frac{x_1 + x_2}{2} \right\rfloor \tag{1.8}$$

$$v = x_1 - x_2 \tag{1.9}$$

于是,将差分 v 按式(1.10)进行扩展,以嵌入一个信息位 b,即

$$v' = 2v + b \tag{1.10}$$

因此可用均值 m 与扩展了的差分 v' 按式(1.11)～式(1.13)形成对应的两个相邻隐秘像素:

$$x_1' = m + \left\lfloor \frac{v' + 1}{2} \right\rfloor \tag{1.11}$$

$$x_2' = m - \left\lfloor \frac{v'}{2} \right\rfloor \tag{1.12}$$

$$v' = \left\lfloor \frac{x_1' + x_2'}{2} \right\rfloor \tag{1.13}$$

为防止隐秘像素 x_1' 与 x_2' 出现上溢(像素值大于 255)或下溢(像素值小于 0)问题,对扩展差分 v' 的约束如下:

$$\begin{cases} |v'| \leqslant 2 \times (255 - m), & 128 \leqslant m \leqslant 255 \\ |v'| \leqslant 2m + 1, & 0 \leqslant m \leqslant 127 \end{cases} \tag{1.14}$$

这种差分扩展方法的复杂度低,嵌入容量较大。后来,熊志勇与王江晴充分利

用同一像素不同颜色分量之间的相关性,将减小了的较小的差分扩展量分散到两个颜色分量中,再运用分段差分扩展和位平面替换的方法来隐藏信息,从而提出一种基于分段差分扩展的彩色图像 RDH 算法[17]。后来,他们又进一步将差分扩展量分散到两个颜色分量中,通过改变差分扩展公式以减少扩展后差分的值,运用 LSB 替换法隐藏信息,将差分扩展与信息隐藏过程分离,进而提出一种基于预测误差差分扩展和最低有效位(LSB)替换的彩色图像 RDH 算法[18]。

Alattar 也在 Tian 的基础上进行了改进[19],首先定义空域三元组为来自同一光谱分量的任意 3 个像素,而光谱三元组则是来自不同光谱分量的 3 个像素。于是,用像素的空域三元组与光谱三元组来隐藏信息。该算法能递归地应用在图像的整个光谱分量的所有行和列,以最大限度地隐藏信息。后来,他又对其进行了进一步改进[20],如图 1.6 所示,首先将图像分解成 2×2 的不重叠像素块。设像素块顶点的 4 个像素按从上到下从左到右顺序为 $\boldsymbol{x}=(x_0,x_1,x_2,x_3)$,计算这 4 个像素光谱分量的差分,并将像素块转换成 3 个差分向量:

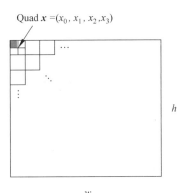

图 1.6　4 像素块的构成

$$\begin{cases} v_1 = x_1 - x_0 \\ v_2 = x_2 - x_1 \\ v_3 = x_3 - x_2 \end{cases} \tag{1.15}$$

于是,可通过式(1.16)在一个像素块内嵌入 3 位信息 $b_i(i=1,2,3)$:

$$\begin{cases} v_1' = 2v_1 + b_1 \\ v_2' = 2v_2 + b_2 \\ v_3' = 2v_3 + b_3 \end{cases} \tag{1.16}$$

如果没有出现上溢或下溢问题,则用式(1.16)嵌入,否则用式(1.17)嵌入。如果用式(1.17)嵌入还出现了上溢或下溢问题,则将该像素块标记为不可变像素块。为防止出现上溢和下溢问题,给出差分约束如下:

$$\begin{cases} v_1' = 2 \times \dfrac{v_1}{2} + b_1 \\ v_2' = 2 \times \dfrac{v_2}{2} + b_2 \\ v_3' = 2 \times \dfrac{v_3}{2} + b_3 \end{cases} \tag{1.17}$$

$$
\begin{cases}
0 \leqslant v_0 - \left\lfloor \dfrac{v_1 + v_2 + v_3}{4} \right\rfloor \leqslant 255 \\
0 \leqslant v'_1 + x_0 \leqslant 255 \\
0 \leqslant v'_2 + x_1 \leqslant 255 \\
0 \leqslant v'_3 + x_2 \leqslant 255
\end{cases}
\tag{1.18}
$$

Al-Jaber 与 Yaqub 则使用中位数像素取代块中的第一个像素作为基点来形成上述差分向量[21]。而 Hsiao[22] 等人则先将载体灰度图像分解为秘密信息隐秘图像区和辅助信息隐秘图像区两个部分,进一步将秘密信息隐秘图像区分解成 3×3 的像素块。并通过两个预设的阈值将这些像素块划分为光滑像素块、普通像素块和复杂像素块 3 类。复杂类像素块中不能被嵌入信息,而光滑类像素块的信息嵌入容量是普通类像素块的两倍。Peng[23] 等人则通过自适应地选择不同类型像素块的整数变换参数进一步改进了这种向量差分扩展技术。

前期大部分的基于差分扩展的 RDH 技术研究工作都是改进差分扩展算法,与此不同的是,Liu[24] 等人通过降低差分而提出了缩减差分扩展(reduced difference expansion,RDE)技术。首先将式(1.9)中的差分降低为

$$
| \hat{v} | = \begin{cases}
| v |, & | v | < 2 \\
| v | - 2^{\lfloor lb|v| \rfloor - 1}, & | v | \geqslant 2
\end{cases}
\tag{1.19}
$$

于是将(1.10)的差分扩展改成了

$$
v' = 2 \times \hat{v} + b
\tag{1.20}
$$

Yi 等人进一步将(1.9)中的差分降低为[25]

$$
| \hat{v} | = \begin{cases}
| v | - 2^{\lfloor lb|v| \rfloor - 1}, & 2 \times 2^{n-1} \leqslant | v | \leqslant 3 \times 2^{n-1} - 1 \\
| v | - 2^{\lfloor lb|v| \rfloor}, & 3 \times 2^{n-1} \leqslant | v | \leqslant 4 \times 2^{n-1} - 1
\end{cases}
\tag{1.21}
$$

Arham 等人结合了 Alattar[20] 与 Yi[25] 所用方法的优点,提出了一种基于四元组差分扩展的多层嵌入算法[26]。该算法将每一层选择不同的基点计算向量,对 4 层的差分计算如式(1.22)～式(1.24)所示,第 1 层基点为 x_0,用 $x_0 = (x_0, x_1, x_2, x_3)$ 计算第 1 层的差分向量如下:

$$
\begin{cases}
v_1 = x_1 - x_0 \\
v_2 = x_2 - x_1 \\
v_3 = x_3 - x_2
\end{cases}
\tag{1.22}
$$

第 2 层基点为 x_1,用 $x_1 = (x_1, x_3, x_0, x_2)$ 计算第 2 层的差分向量如下:

$$\begin{cases} v_1 = x_3 - x_1 \\ v_2 = x_0 - x_3 \\ v_3 = x_2 - x_0 \end{cases} \quad (1.23)$$

第 3 层基点为 x_2，用 $x_2 = (x_2, x_0, x_3, x_1)$ 计算第 3 层的差分向量如下：

$$\begin{cases} v_1 = x_0 - x_2 \\ v_2 = x_3 - x_0 \\ v_3 = x_1 - x_3 \end{cases} \quad (1.24)$$

第 4 层基点为 x_3，用 $x_3 = (x_3, x_2, x_1, x_0)$ 计算第 4 层的差分向量如下：

$$\begin{cases} v_1 = x_2 - x_3 \\ v_2 = x_1 - x_2 \\ v_3 = x_0 - x_1 \end{cases} \quad (1.25)$$

每一层的嵌入方法都与文献[25]所用方法相同。

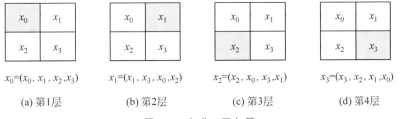

$x_0=(x_0, x_1, x_2, x_3)$ $x_1=(x_1, x_3, x_0, x_2)$ $x_2=(x_2, x_0, x_3, x_1)$ $x_3=(x_3, x_2, x_1, x_0)$

(a) 第1层   (b) 第2层   (c) 第3层   (d) 第4层

图 1.7　生成 4 层向量

Ahmad 等人则进一步将 Alattar[20] 的算法进行改进，提出一种改进的 RDE 算法[27]，将式(1.15)的 3 个差分缩减为

$$\begin{cases} \bar{v}_i = v_i - 2^{\lfloor \mathrm{lb} v_i \rfloor}, & v_i > 1 \\ \bar{v}_i = v_i + 2^{\lfloor \mathrm{lb} v_i \rfloor}, & v_i < -1 \end{cases} \quad (1.26)$$

Huang 与 Chang 结合 DE 技术与直方图平移(HS)技术提出了一种基于等级的 RDH 技术[28]，通过扩展成金字塔结构的直方图来修改差分值，从而充分利用了原图的固有特征。Chen 等人则结合 DE、HS 和预测误差 3 种技术而提出了基于块的具有多轮差分修改的 RDH 算法[29]。后来，张正伟、吴礼发及赖海光将原始载体图像分解为若干个互不重叠的 4×4 的像素块；然后，计算每个像素块在信息隐藏前后保持不变的平滑度值，并按平滑度的值对像素块进行排序；最后，对像素块进行整数小波变换，并利用广义差分扩展法将信息变换后的低频部分嵌入信息，将辅助信息通过数据压缩隐藏在高频部分[30]。项洪印与侯

思祖充分考虑了扩展差分位置分布,通过修改连续零组提高无损压缩率,从而扩大水印嵌入空间,增加总的嵌入容量,提高峰值信噪比,进而提出一种基于差值位置图调整的差分扩展优化算法[31]。Maniriho 等人突破了传统的 DE 技术只考虑图像光滑区域的信息嵌入限制,提出了正负差分的信息隐藏技术[32]。此外,Shiu 等人结合加密图像 RDH 技术与基于 DE 技术的 RDH 技术,提出了基于加密图像的 RDH 算法[33]。

1.2.2 基于直方图平移的可逆信息隐藏

Ni 等人首先提出了基于 HS 的 RDH 算法[34],如图 1.8 所示,该算法将在灰度图像直方图中的一个峰零值对选择出来,并将该峰零值对之间的像素点向零值方向平移 1 位,当像素点的灰度值为峰值且隐藏信息位为 0 时,该像素点不变;当像素点的灰度值为峰值且隐藏信息位为 1 时,该像素点向零值方向平移一位。经过这样处理后就可以实现隐藏信息的目的。基于 HS 的隐藏主要依赖于直方图的陡峭程度及峰零值对的确定方式,为了增加直方图的陡峭度,Xuan 等人在整数小波变换域内进行了直方图平移[35],将信息隐藏在高频波段的小波系数中。这样一来,只需平移部分高频小波段的直方图,即可通过产生的零值点嵌入信息。Lin 则通过差分的算法增加直方图的陡峭程度[36],对于灰度图像,图像位置 (i,j) 的灰度值为 $p_C(i,j)$,其差分图像 $p_D(i,j)$ 由式(1.27)可得

$$p_D(i,j) = | p_C(i,j) - p_C(i,j+1) | \tag{1.27}$$

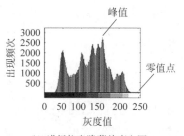

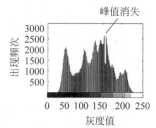

(a) 原始图像 Surveyor   (b) 进行信息隐藏前直方图   (c) 进行信息隐藏后直方图

图 1.8   图像 Surveyor 的灰度直方图

图 1.8(a)所示的 Surveyor 图像的差分图如图 1.9(a)所示,其直方图如图 1.9(b)所示。比较图 1.8(b)与图 1.9(b)发现,差分图的直方图明显陡峭。Tain 等人在此基础上,通过二叉树结构解决了多个峰值对的通信问题[37]。后来,Li 等人应用差分对映射(difference pair mapping,DPM)算法提出了基于二维差分直方图的 RDH

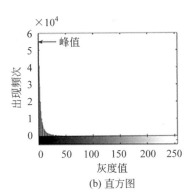

(a) 差分Surveyor图像   (b) 直方图

图 1.9   差分 Surveyor 图像及其直方图

算法[38]。该方法首先通过计算每个像素对的差分,形成一个差分序列,然后统计差分对出现频次的一个二维差分直方图。最后,根据直方图的 DPM 嵌入信息。基于像素值顺序(pixel value ordering,PVO)的 RDH 算法是一种多层直方图修改(multiple histograms modification,MHM)算法,Li 等人系统地分析了以 MHM 形式生成的 PVO 算法,提出一种自适应的 MHM 方式[39]。Li 等人概括出的一个基于 HS 的 RDH 算法的基本特征[40]是通过平移某些像素腾出空间来填充秘密信息,于是提出了一个基于 HS 的 RDH 算法通用框架,只需设计平移和嵌入函数就能通过该框架设计出一个基于 HS 的 RDH 算法,故文献[41-45]都成为了文献[40]研究内容的一种特殊情况。随后,Bonde 也提出了通用的直方图修改(histogram modification,HM)的框架[46],该框架本质上也是基于 HS 的。Li Liu 等人另辟蹊径,提出了一种基于 n 位平面(n-bit plane)BPS 的 HS 算法[47],该 RDH 算法可以从每个像素的 8 个位平面中提取出 n 个 BPS,并生成一个位平面截图(bit plane truncation image,BPTI),然后对 BPTI 进行分块嵌入信息。这种块直方图的峰值点更陡峭,同时也能增加零值点的数量,可通过 HS 将信息嵌入在每个块的峰值中。为避免出现上溢和下溢问题,如果一个块中没有零值,则峰值中不嵌入信息,即不平移该峰值。Mathews 等人通过引进两种机制提出了无需存储附加信息的 RDH 算法:一是根据简单的统计来估计附加信息,二是将部分附加信息当成隐藏信息进行隐藏[48]。受预测误差 RDH 算法的激励,Chen 等人提出了一种基于非对称预测误差 HS 的 RDH 框架[49]。传统的算法是用单一的预测方式来产生对称的直方图,而他们却用一种多值预测策略来计算像素的多个预测值,并用两个非对称选择函数来确定合适的预测值,构建两个非对称误差直方图,最后通过一种补充的嵌入策略独立地在两个误差直方图中嵌入信息。

　　另一种重要的 RDH 算法是将 HS 算法与 DE 算法的结合。Lin 和 Hsueh 2008 年提出的 RDH 算法是首先将图像分解成 1×3 或 3×1 的像素块,并分别计算每个像素块中像素 1 与像素 2 以及像素 2 和像素 3 之间的差分,再利用 HS 技术在差分中隐藏信息[50]。邢慧芬等人首先用 HS 算法对图像进行预处理,解决信息嵌入过程中产生的上溢和下溢问题;然后,采用一种自适应插值算法计算图像的预测值,并计算原始图像与预测图像的差分,最后,在差分直方图峰值点隐藏信息。接收方利用同样的插值方法得到预测值,再与隐秘像素求差,提取差分中的隐藏信息,并恢复出原始图像。由于利用了水平、垂直、45°和 135°方向进行预测,使误差更集中,直方图峰值更大,从而实现大容量的信息嵌入[51]。为了满足密文域内的 RDH 需要,肖迪等人结合 HS 与同态加密 (homomorphic encryption,HE)算法,提出了一种新颖的差分域 HS 密文图像 RDH 算法。该算法可以在没有原始图像信息的情况下直接将信息隐藏在密文域图像中,即实现原始图像→加密→信息嵌入的过程,从而简化了传统算法中原始图像→加密→解密→信息嵌入→加密的冗余过程[52]。郑淑丽等人基于 HS 和 DE 算法提出了一种 RDH 算法,利用 HS 思想解决信息隐藏过程中可能出现的像素上溢、下溢问题,在计算图像相邻两像素的差分后,选择差分直方图最大峰值点两侧的差分隐藏信息,最大峰值点在隐藏信息过程保持不变,无须传输附加信息给接收方。接收方在接收到隐秘图像后利用相反的过程提取信息,恢复原始图像[53]。与利用图像直方图的峰值点嵌入信息的传统方法不同,Wang 等人提出了一种基于类似 HS 的 RDH 算法,该算法操作的是图像强度片段峰值点,通过修改某个像素峰值点并将信息隐藏在同一片段的另一个像素中。该方法利用了一个位置映射来保证信息的正确提取。由于像素的修改是在每个片段内进行的,所以隐秘图像的质量只与片段的大小有关[54]。针对现有基于差分 HS 在利用原始图像结构关系时的不足,武丽等人提出了一种基于层次结构和差分 HS 的 RDH 算法。该算法利用原始图像数据块中像素的差分形成直方图,并充分利用图像中相邻像素之间的相关性嵌入数据,为了进一步利用数据块中的参考像素进行数据嵌入,该算法将参考像素组成新的图像进行下一层水印嵌入,直到当前层的嵌入容量小于解码所需的附加信息的长度或隐秘图像质量小于给定阈值[55]。为了保证隐秘图像的质量,吴万琴等人提出了一种基于 HS 与局部复杂度的 RDH 策略,该策略通过局部复杂度函数将载体图像块分解成平滑块与复杂块,并将信息隐藏在平滑像素块中,而复杂块不被嵌入信息,即像素保持不变[56]。

Ming Li 等人提出了一种隐秘图像的 RDH 算法,该算法首先根据公钥加密系统在加密域内用同态乘法将图像直方图进行扩展,再在加密域内用同态加密实现 HS,同时在载体图像中嵌入信息[57];Wu 等人通过密钥共享方式用 HS技术进行信息隐藏[58];Xue 等人结合差分对分布特征与差分对映射提出了一种基于二维差分直方图修改的 RDH 技术[59];Wang 等人在单层峰零对基础上提出了多层峰零对直方图平移的 RDH[60]。随着 HS 技术的发展,HS 的应用也越来越广泛[61]。

1.2.3 基于预测误差扩展的可逆信息隐藏

DE 技术是一种嵌入容量很大的 RDH 技术,然而该技术却不能很好地控制嵌入容量。为此,Thodi 等人结合 DE 与 HS 技术,率先提出了基于预测误差扩展的信息隐藏技术[62]。该技术的基本思想是用某像素及其预测值之间的预测误差(prediction error,PE)代替 DE 中的两个相邻像素之间的差分,形成预测误差直方图(PEH),然后对 PE 进行扩展,以隐藏信息。该方法首先将二维图像像素 $p_c(i,j)$ 通过某种扫描方式转换成一维序列 $x_i(i=1,2,\cdots,N)$,然后用某函数预测像素 x_i 的值,即

$$\hat{x}_i = f(x_i) \qquad i=1,2,\cdots,N \tag{1.28}$$

于是,得到一维序列中的像素预测误差序列 $e_i(i=1,2,\cdots,N)$:

$$e_i = x_i - \hat{x}_i \qquad i=1,2,\cdots,N \tag{1.29}$$

根据式(1.30)可统计预测误差的频次:

$$h_k = \#\{1 \leqslant i \leqslant N : e_i = k\} \tag{1.30}$$

其中,$\#$ 表示一个集合的基数。通常,预测误差直方图服从均值为 0 或近似为 0 的类拉普拉斯分布。然后,通过式(1.31)来扩展和平移 PEH 来隐藏信息:

$$e_i' = \begin{cases} 2e_i + b, & e_i \in [-T,T) \\ e_i + T, & e_i \in [T,+\infty) \\ e_i - T, & e_i \in (-\infty,-T) \end{cases} \tag{1.31}$$

其中,T 为整型的嵌入容量参数,$b \in \{0,1\}$ 为隐藏信息位。最后,可通过预测像素得到隐秘图像的像素:

$$x_i' = \hat{x}_i + e_i' \quad i=1,2,\cdots,N \tag{1.32}$$

与 DE 相比,PE 的直方图分布更集中,嵌入效率相对较高,基于 PEE 的隐藏研究热潮开始出现[63-72]。

为了解决 HS 中大部分像素的出现频次较低、嵌入容量有限问题,Hong 等

人通过预测误差来增加信息隐藏的空位,从而提出了一种基于预测误差修改
(modification of prediction error,MPE)的 RDH 算法[63]。接着,他们又充分利
用像素之间的相关性进一步提出了一种两阶段预测算法,腾出更大的隐藏空
间[64]。在此基础上,Li 等人也提出一种两阶段 PEE 策略,即自适应嵌入和像素
选择[73]。该方法能根据局部复杂度自动将 1 位或 2 位信息隐藏在扩展像素中,
从而避免增大预测误差。同时该方法可通过选择光滑区域像素进行信息隐藏,
并保持粗糙像素不变[73]。Li 等人也提出了一种基于 PVO 的 PEE 算法[74],该
算法首先将载体图像分解成大小相等的非重叠像素块,并设某像素块为 $X = \{x_1, x_2, \cdots, x_n\}$,将其按升序排序后为 $\{\sigma_1, \sigma_2, \cdots, \sigma_n\}$,其中唯一的一对一映射
$\sigma: \{1, 2, \cdots, n\} \rightarrow \{1, 2, \cdots, n\}$ 满足 $\{x_{\sigma_1} \leqslant x_{\sigma_2} \leqslant \cdots \leqslant x_{\sigma_n}\}$,如果 $x_{\sigma_i} \leqslant x_{\sigma_j}$,则 $i \leqslant j$。于是用第二大值 $x_{\sigma_{n-1}}$ 来预测最大值 x_{σ_n},对应的预测误差为

$$e_{\max} = x_{\sigma_n} - x_{\sigma_{n-1}} \tag{1.33}$$

计算完所有像素块的预测误差,就可生成一个由 $e_{\max}$ 构成的预测误差直方
图。又因为 $e_{\max}$ 总为正数,故直方图的误差取值范围为[0,255]。但这种方法只
有像素块的最大值与最小值才能预测并隐藏信息,不能实现较大容量的信息嵌
入,为此,文献[75]将原始的 PVO 方法经多层扩展,改进了文献[74]的基于
PVO 的 RDH 算法,该方法将第 k 大或第 k 小的像素作为独立的数据载体以实
现第 k 层的 PVO 信息隐藏。通常,PE 值为 1 的点就是峰值点,即该点就是信
息隐藏点,大于该值的点都是平移点。后来,Wang 等人在此基础上进行了改
进,图像分块不是按照统一大小进行分块,而是将载体图像自适应地分解成大
小不等的非重叠像素块。平滑区域分解成小块,而粗糙区域分解成较大的像素
块用以避免峰值信噪比的降低[76]。然而该算法缺乏自动分类机制,于是文献[77]
改进了这个问题,更充分地利用了载体图像的冗余性。另外,Coatrieux 等人则
建立了一个自动考虑图像内容的 HS 模型,通过考虑像素邻域与 HS 模型的应
用,能将信息隐藏在图像纹理区域的同时还利用了识别图像内容的分类过
程[67]。与此同时,为了充分考虑预测误差之间的关联关系,Ou 等人不再单独
考虑每一个预测误差,而是将相邻的两个预测误差链接起来考虑,即考虑的是
预测误差对序列。并根据该序列以及二维的 PE 直方图提出了成对 PEE 隐藏
方法[78],文献[69]研究了局部预测的差分扩展,对每一个像素,用一个最小平方
预测器来计算该像素四周的像素,并扩展对应的 PE。文献[70]则先将载体图
像像素分解成 4 个大小相等的部分。每一个部分的信息嵌入是相互独立的。
对每一部分的嵌入,将每一个待嵌入像素,用一个表示像素邻域差异性的光滑
评价函数来评价像素的局部光滑度。光滑评价函数能准确地确定光滑区域的

像素,这就降低了嵌入失真。

Lu 等人根据标准差来分析图像的复杂度以确定预测方法[79],该方法使用两个阈值来控制隐藏量,第一个阈值用于选择预测值函数,第二个阈值用于估计载体像素的隐藏量。同时,Fu 等人根据相邻像素间的相似性,用边缘匹配预测器来获得 PEH,并通过 HS 算法隐藏信息[80]。隐藏过程中,该算法还设计了利用修改方向(exploiting modification direction,EMD)及多层嵌入机制。后来,Rad 等人在 PEH 上提出了自动组修改(adaptive group modification,AGM)算法,该算法能自动地根据出现的频次腾出多个隐藏空位,接着将隐藏信息分解成块,然后通过 PE 三元组的修改将隐藏信息块嵌入在腾出的多个隐藏空位中[81]。与此同时,韩佳伶等人采用了基于 PEE 的 RDH 策略,根据图像梯度选择及像素的梯度趋势,对梯度与相邻像素进行预测[82]。文献[83]在预测误差扩展算法基础上,利用灰度图像值的特征,比较边界像素及其相邻像素,在保证不会产生溢出前提下进行信息隐藏,提高了载体图像的信息隐藏率,同时也降低了辅助信息量,与文献[63]相比,隐秘图像的视觉质量也有明显改善。文献[84]充分利用图像通道间的相互关系提出了一种基于 PEE 的 RDH 策略,该算法利用图像通道间的冗余性将载体图像像素分为边缘像素及平滑像素两类,并对边缘像素及平滑像素采取不同的信息隐藏方式,同时还要依据排序结果依次对像素进行信息隐藏,最后在提取端提取信息。同时,熊志勇等人使用两种不同的预测方法对载体图像像素进行预测,并同时标记突变像素,标记时不进行信息隐藏,标记完后,根据标记情况选择两种预测方法中相对准确的预测方法作为最终预测方法,最后计算 PE,并利用 PEE 和 HS 技术隐藏信息。该方法充分利用了图像冗余性,自适应地选择最佳预测方法,能有效地提高嵌入容量[85]。文献[86]用一个定向预测器来计算与 PE 不成比例的局部复杂度,并使用一个定向 PEE 策略来隐藏数据。Weng 等人对其进行了改进,提出了一个四预测模型[87],每个模型都将待嵌入像素分三步进行处理。每一步都用一个计算像素邻域内的差异性的光滑评价器来判断可嵌入像素是位于光滑区域还是复杂区域。

基于 PEE 的 RDH 通常由两部分构成:第一是通过应用预测策略来产生陡峭的 PEH;第二是通过扩展和平移 PEH 来将信息隐藏在 PE 中。当前的 PEE 算法都是独立地解决这两个问题,即尽量获得陡峭的 PEH 或者改进直方图的修改方法。文献[88]则提出了一种基于最小嵌入率标准的 PEE 算法,其实质就是在本质上建立两个步骤之间的一致性。为了克服传统的 PEE 存在的像素对生成方法比较固定的缺点,Ou 等人根据局部距离与强度相似性,提出了一种能自适应地组合像素对的 PEE 方法[89]。

1.2.4　基于双图像及图像内插的可逆信息隐藏

近年来,有人为了提高嵌入容量和改进隐秘图像的视觉质量,提出了双图像 RDH 算法,该算法先将秘密信息嵌入同一幅载体图像,然后用不同的差分修改方法生成两幅相似隐秘图像。经过信息隐藏后,这两幅隐秘图像的差分可以用作原始载体图像复原的辅助信息。双图像 RDH 算法的嵌入容量远远大于基于 PEE 的 RDH 算法,且嵌入容量由图像确定,与图像的内容无关。从安全角度考虑看,它与单幅图像的 RDH 算法不同,除非攻击者同时获得了两幅隐秘图像,否则不能正确地提取出秘密信息。因此,双图像 RDH 算法可应用在嵌入容量大且安全级别要求较高的场合。

Chang 等人率先提出了将信息隐藏在两幅图像中的双图像 RDH 算法[90]。该算法首先用二维图像建立一个 256×256 的系数矩阵,并将两位二进制信息转换成五进制信息,然后将两个五进制秘密数字隐藏在一幅隐秘图像的一个像素中。这两个五进制的值就是系数矩阵左右对角线上的值,而其在系数矩阵中的位置就是双图像的像素。文献[91]用水平和垂直方向代替左右对角线的系数矩阵,这样每个像素的最大方向限定为 1。为进一步提高嵌入容量,Chang 等人将二进制秘密信息转换成十进制,从而对双图像算法进行改进,并根据预建立系数矩阵的右对角线来确定隐秘像素[92]。在文献[93]中,Qin 等人提出了一个非对称双图像 RDH 算法,该算法的第一幅隐秘图像是用传统的 EMD 方法产生的,第二幅隐秘图像像素则是在不引起混淆情况下根据第一幅隐秘图像进行自适应修改而成的,故第二幅隐秘图像的失真明显小于第一幅隐秘图像。Lu[94]等人首先用传统的 LSB 匹配算法将秘密信息隐藏在一幅载体图像中来生成两幅临时隐秘图像,且每个像素的可逆性是可以识别的,可逆像素保持不变,而不可逆像素则根据设计好的一个规则表来平移。最近,Jafar[95]等人用 PE 算法分两个阶段将信息隐藏在双图像中。该算法首先用一个特殊规则将一位信息隐藏在双图像中,然后通过修改 PE 值将多位信息连续地隐藏在双图像中。另外,Lee 等人提出了一种基于位置关系约束的双图像 RDH 算法[96],该算法首先用一个预定义的规则顺序生成两幅临时隐秘图像,为了保证每个像素的可逆性,将来自原始载体图像的每个隐秘像素的方向作为指示器来判断能否在第二个阶段隐藏信息。为了克服文献[96]中算法嵌入容量太低的问题,Lee 等人对其进行了改进[97],他们先将二进制信息转换成五进制信息,然后通过控制隐秘像素对的相对位置来建立平移规则。

Lu 等人用中心折叠方式来降低秘密信息符号值,提出了一种新颖的双图像 RDH 算法[98]。该算法几乎是最先进的双图像 RDH 应用的一个典型算法。如图 1.10 所示,设 x_i 是载体图像 X 的一个像素。首先用整数参数 $k(k \geqslant 2)$ 来控制嵌入容量,用 $\{m_1, m_2, \cdots, m_k\}$ 来表示 k 个二进制秘密信息位,然后将其转换为十进制数 d,则 $d \in [0, 2^k - 1]$,为了减小 d 值导致的嵌入失真,可通过折叠的方式按式(1.34)将 d 转换成较小的值 $\bar{d}$

$$\bar{d} = d - 2^{k-1} \tag{1.34}$$

则有 $\bar{d} \in [-2^{k-1}, 2^{k-1} - 1]$,可通过平均操作将 $\bar{d}$ 嵌入在 x_i 中,形成一对隐秘像素

$$\begin{cases} x_i' = x_i + \lfloor \bar{d}/2 \rfloor \\ x_i'' = x_i - \lceil \bar{d}/2 \rceil \end{cases} \tag{1.35}$$

此时,原始载体图像可通过两个隐秘像素的均值得到

$$x_i = \lceil (x_i' + x_i'')/2 \rceil \tag{1.36}$$

同样的,折叠后的秘密十进制数 d 也可通过两个隐秘像素的差分得到

$$d = \bar{d} + 2^{k-1} = (x_i' - x_i'') + 2^{k-1} \tag{1.37}$$

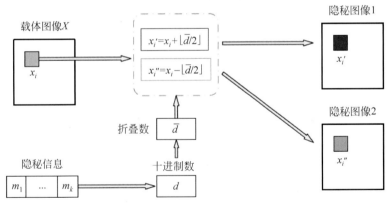

图 1.10 文献[98]的隐藏算法

最终,隐秘信息位可以通过将 d 转换为二进制而得。虽然以中心折叠的双图像信息隐藏能以最小的失真进行平移,但仍有一个不产生任何失真的可移动坐标可用,故 Yao 等通过将一位额外的信息位嵌入该坐标对应的位置[99],从而对文献[98]的算法进行了改进。文献[100]从另一个角度,用共享密钥通过(7,4)海明码提出一种新的 RDH 算法。该算法先将载体图像中的像素块复制成两个数组,然后用奇校验调整冗余的 LSB,这样发送者遇到的所有纠错在接收方都能

发现。嵌入前,先在共享秘密信息位置补充一个信息位,此后由篡改者导致的纠错就会将秘密信息嵌入在除秘密信息位置的任何合适位置。

基于双图像的思维方式,Jung 等人设计了一种按比例增加相邻均值内插 (neighbor mean interpolation,NMI)嵌入算法[101]。该算法首先扩展载体图像,然后将十进制秘密数据隐藏在扩展了的载体图像中。扩展过程如图 1.11 所示,载体图像中的一个 2×2 的像素块放大成一个 3×3 的像素块。如果载体图像大小为 $m \times n$,则扩展后的图像大小为 $(2m-1) \times (2n-1)$。图 1.11(a)所示为载体图像的一个大小为 2×2 的像素块有 4 像素($p_{i,j}$,$p_{i,j+2}$,$p_{i+2,j}$,$p_{i+2,j+2}$),按式(1.38)内插了 5 像素后形成一个图 1.11(b)所示的 3×3 的像素块。

$$\begin{cases} p_{i,j+1} = (p_{i,j} + p_{i,j+2})/2 \\ p_{i+1,j} = (p_{i,j} + p_{i+2,j})/2 \\ p_{i+1,j+1} = (p_{i,j} + p_{i,j+1} + p_{i+1,j})/3 \\ p_{i+2,j+1} = (p_{i+2,j} + p_{i+2,j+2})/2 \\ p_{i+1,j+2} = (p_{i+1,j+2} + p_{i+2,j+2})/2 \end{cases} \quad (1.38)$$

设 $n_{i,n}^{(l)}(l=1,2,3)$ 位隐秘信息对应的十进制数为 $d_{i,n}^{(l)}$,则直接将其隐藏在 $(p_{i,j}, p_{i,j+1}, p_{i+1,j}, p_{i+1,j+1})$ 可得

$$(p_{i,j+1}, p_{i+1,j}, p_{i+1,j+1}) = (p_{i,j+1} + d_{i,j}^{(1)}, p_{i+1,j} + d_{i,j}^{(2)}, p_{i+1,j+1} + d_{i,j}^{(3)})$$

$$(1.39)$$

因内插像素可由未改变的像素求得,故将 $(p'_{i,j+1}, p'_{i+1,j}, p'_{i+1,j+1})$ 减去 $(p_{i,j+1}, p_{i+1,j}, p_{i+1,j+1})$ 就可提取出 $d_{i,n}^{(1)}$。嵌入与提取过程如图 1.12 所示。然而,该算法仅仅简单地将十进制秘密信息添加在载体图像中,其隐秘图像的分辨率不高,文献[102]仍然采用 NMI 生成载体图像,但却使用了 LSB 替换与优化调整过程来提高隐秘图像的视觉质量。

$p_{i,j}$	$p_{i,j+1}$	$p_{i,j+2}$
$p_{i+1,j}$	$p_{i+1,j+1}$	$p_{i+1,j+2}$
$p_{i+2,j}$	$p_{i+2,j+1}$	$p_{i+2,j+2}$

$p_{i,j}$	$p_{i,j+2}$
$p_{i+2,j}$	$p_{i+2,j+2}$

(a) 2×2 的像素块　　　　(b) 3×3 的像素块

图 1.11　用 NMI 算法将一个 2×2 的像素块扩展成一个 3×3 的像素块

在 Jana 提出的一种新的内插 RDH 算法[103]中,用权矩阵通过内插方法来

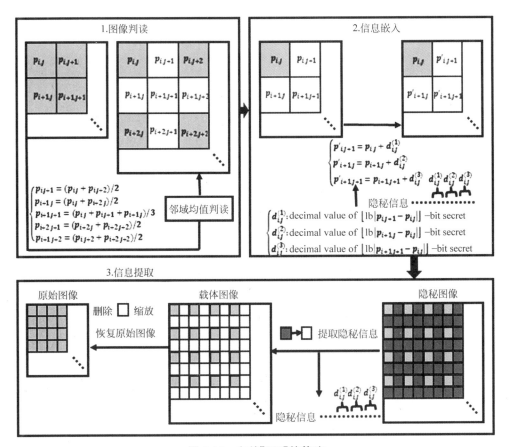

图 1.12 文献[101]的算法

扩展原始载体图像。文献[104]重复利用修改方向、图像内插以及边缘检测来实现两个目标。首先,将图像的特征信息进行差分嵌入,然后用其对图像进行分类,并用图像内插来完成可逆性;其次,检查位于图像边缘的像素,并根据应用需求将不同的信息隐藏其中。在文献[105]中,提出的是一种可利用像素自动调节的内插 RDH 算法,该算法由图像内插和信息隐藏两个阶段组成。图像内插使用常规的邻域均值内插算法,但是该算法在求取均值时根据邻域像素的距离给出了不同的权值,这是对文献[101]中算法的一种改进。信息隐藏阶段又可分为两个子过程:第一个子过程是将隐秘信息嵌入在旧像素中;第二子过程是将信息嵌入在像素数为偶数的像素中。在 Xiao 等人提出针对隐秘图像的RDH 算法[106]中,信息不是直接隐藏在隐秘图像中。该方法首先用内插技术评估该位置是否能嵌入信息，并生成一个位置映射图，从而得到一幅隐秘图像；然后，再将信息隐藏在隐秘图像的最高有效位中。文献[107]中的算法也是对NMI技术的一种改进，它充分考虑了邻域像素对参考像素的影响，目的是增强内插图像视觉质量；同时，当信息隐藏在内插像素时，也考虑了隐藏后内插图像的视觉质量。Zhang 等人利用抛物线技术内插图像，再利用内插像素与均值的关系进行信息隐藏[108]。

除了以上 4 种基本的 RDH 算法外，近些年又涌现出一些新的 RDH 算法，例如文献[109]中的算法可将信息隐藏在压缩后的加密图像中；Rahmani 等人根据 SOC（search order coding）算法提出的 VQ（vector quantization）压缩图像RDH 算法[110]；Yi 等人提出的二进制块嵌入 BBE（binary block embedding）算法，可将信息隐藏在二进制图像的低位位平面中[111]；文献[112]中的算法是通过在加密前预留空间，构造出可分离的加密 JPEG 位流 RDH 算法。

1.3 可逆信息隐藏技术研究中存在的问题

由以上研究现状的分析可知，当前 RDH 算法的研究已经比较成熟，然而还有几个关键问题需要解决。

1. 建立信息隐藏过程中隐秘图像嵌入失真的数学模型

虽然大多数的 RDH 方法失真率比较低，但是大部分 RDH 算法都是从实验角度得到隐秘图像的失真率，而没有从理论上分析具体的失真率数学模型，这使得在具体应用时对 RDH 算法的选择增加了困难。

2. 构造出更陡峭的直方图

由前面的研究现状可知，四大类 RDH 算法的嵌入容量和隐秘图像的嵌入失真都与直方图陡峭程度密切相关：直方图越陡峭，同一幅载体图像的嵌入容量越大，对应的隐秘图像的嵌入失真越小；反之，直方图越平滑，同一幅载体图像的嵌入容量越小，对应的隐秘图像的嵌入失真越大。这就需要仔细研究和分析载体图像内容的相关关系，研究设计出更巧妙的预测误差模型，获得陡峭直方图。针对不同载体图像，研究不同预测方法。例如，灰度图像和彩色图像需要不同的预测模型，灰度图像可能主要考虑邻域内像素间的相关性，而彩色图像除了考虑邻域内像素间的相关性外，还要考虑各颜色通道之间的相关性，从而设计出与灰度图像不同的预测误差模型。

3. 寻找嵌入容量与隐秘图像质量平衡点

由前面的研究现状可以看出，嵌入容量与隐秘图像的质量存在着不可调和的矛盾,随着嵌入容量的增大,必然会导致载体图像像素改变较大,由此,隐秘图像的质量必然降低,图像的视觉效果随之降低。但是,如果只考虑隐秘图像视觉质量,则必然导致嵌入容量偏小,达不到实际应用要求。为此,需要找到嵌入容量与隐秘图像质量之间的平衡点。

4. 提升图像信息隐藏技术的稳健性

嵌入容量的增加可导致隐秘图像质量的下降,必然会被察觉,从而带来不必要的麻烦;同时,隐秘图像在传输和存储过程中可能会受到噪声的影响,如果RDH算法没有一定的稳健性,则不能正确提取出信息,从而失去了意义。为此,实际应用中需要更多地研究具备一定稳健性的RDH算法。

5. 研究新的视觉质量评价标准

传统RDH算法的评价指标主要是隐秘图像质量的峰值信噪比(peak signal to noise ratio,PSNR),但PSNR与视觉系统存在着一定的偏差,不能客观地反映视觉效果。因此,需要从理论上寻找更符合人类视觉效果的图像质量评价模型。

在本课题中,主要分析研究的关键问题如下。

(1)建立信息隐藏过程中隐秘图像嵌入失真的数学模型。

(2)构造出更陡峭的直方图。

(3)寻找嵌入容量与隐秘图像质量平衡点。

(4)提升图像信息隐藏技术的稳健性。课题的具体研究成果将分别集中在第3～5章中详细介绍。

1.4 主要研究内容

本书系统地研究数字图像的RDH算法,在总结前人研究工作基础上,针对前人对RDH算法的研究中存在的提高嵌入容量与增加隐秘图像视觉质量,现有研究中直方图分布较平缓及其稳健性差等关键问题,进行了深入分析和研究,提出一些有效的解决方法,并对提出的算法在多个图像数据库中进行了仿真实验与理论分析。具体研究内容如下。

1. 基于有效位差分扩展的RDH算法

结合像素二进制有效位和DE方法提出的基于有效位差分扩展的RDH算法是,当隐秘图像完好无损时,原始载体图像能正确地恢复,隐藏信息也能正确地被提取;当隐秘图像因受到噪声干扰而发生噪声等一些无意的改变时,也具有一定的稳健性。算法首先将载体图像像素分解成两部分：较高有效位(higher significant bits，HSB)与最低有效位(LSB)，并计算相邻像素间的 HSB差分。然后通过差分平移在 HSB 中隐藏信息，平移量和平移规则相对比较固定，故能实现可逆性。由于像素的 HSB 和 LSB 的分离，一些对隐秘图像无意的攻击并不能影响 HSB，故算法具有一定的稳健性。

2. 基于左右平移的大嵌入容量 RDH 算法

基于左右平移的大容量 RDH 算法研究的是矩形预测误差的分布特点。直方图的最高峰值点同时也是差分 0 值点，位于原点，其他峰值点以近似对称的形式分布在原点的左右，而其他频率为 0 值点也近似对称地分布在原点两侧。首先，将峰值点向右平移，留下部分空位用于隐藏信息，接着再将峰值点向左平移，再次留下部分空位用于隐藏信息。由于向右移增大像素，而向左移又会减小像素，故两次平移具有一定的综合性，能减小隐秘图像总体的嵌入失真。同时，通过分析 PE 条件，可以在不增加任何附加信息的情况下有效解决上溢和下溢问题。

3. 基于双向差分扩展的 RDH 算法

基于双向差分扩展的 RDH 算法是，首先以 Z 字形顺序扫描光栅图像，将二维图像转换为一维数组；然后将相邻像素间的差分分别向左右两个方向扩展，并同时在左侧嵌入一位信息；最后将嵌入了信息位的隐秘一维数组转换为二维数组，得到隐秘图像。信息接收者接收到隐秘图像后，首先以 Z 字形顺序扫描光栅图像，将二维图像转换为一维数组；然后，将相邻像素间的差分分别向左右两个方向压缩，并同时在左侧提取一位信息；最后，将提取了信息位的解密一维数组转换为二维数组，得到无损载体图像。另外，利用两像素的均值取值范围解决了上溢和下溢问题，减小了隐秘图像的失真，即图像质量得到了提高，增加了隐藏信息的安全性和抗攻击性。

4. 一种有效的无移位的多位 RDH 算法

这种有效的无移位的多位 RDH 算法是，首先根据像素与左右邻域的关系，将其作为可嵌入像素(EP)或不可嵌入像素(NEP)，然后用一个由标记位、偏移位和嵌入位组成的新像素替换该像素。该方法无需差异直方图和扩展过程，利用标记位和嵌入位，可以无误地提取嵌入数据，同时利用标记位、偏移位可以无损地恢复 EP 或 NEP。实验结果表明，与已有算法相比，该算法具有更高的嵌入容量、更好的视觉质量和较低的计算复杂度。

5. 基于二阶差分的新型大嵌入容量 RDH 算法

基于二阶差分的新型大嵌入容量 RDH 算法是,首先在图像中滑动一个大小为 2×2 像素的窗口。对于窗口中的每个像素块,可以通过计算其两列的两个差值的绝对值来得到两个一阶差值。这样,就可以得到每个块的二阶差分,即两个一阶差分的差值的绝对值。通过扩展和移动二阶差分,可将信息位嵌入到块中。实验表明,该算法在计算复杂度、图像失真和嵌入性能等方面都优于现有的 RDH 算法。

第 2 章

数学基础理论

本章主要介绍后续章节需要用到的一些基本数学基础理论知识,包括随机变量的数字特征与抽样分布基本概念,重点介绍图像信息隐藏技术评估中所涉及的 t 检验基本知识,最后讨论图像信息隐藏技术质量评估主要评价指标。

2.1 随机变量数字特征与样本

2.1.1 随机变量的数字特征

通常将那些值无法预先确定,但却可用一个可能值(也称概率)来表示的变量称为随机变量。在信息隐藏技术中,常用的随机变量数字特征是数学期望和方差。

定义 2.1 设一个离散随机变量 X 的分布律为 $P\{X=x_k\}=p_k, k=1,$ $2,\cdots$,若级数 $\sum\limits_{k=1}^{\infty} x_k p_k$ 绝对收敛,即 $\sum\limits_{k=1}^{\infty} |x_k| p_k < \infty$,则称级数 $\sum\limits_{k=1}^{\infty} x_k p_k$ 为该离散随机变量 X 的数学期望,并记作 $E(X)$,即 $E(X)=\sum\limits_{k=1}^{\infty} x_k p_k$。

定义 2.2 设一个随机变量 X,若其数学期望 $E\{[X-E(X)]^2\}$ 存在,则称该数学期望 $E\{[X-E(X)]^2\}$ 为该随机变量 X 的方差,并记着 $D(X)$ 或 $\mathrm{Var}(X)$,即 $D(X)=\mathrm{Var}(X)=E\{[X-E(X)]^2\}$。并称 $\sqrt{D(X)}$ 为该随机变量 X 的标准差或均方差,记为 $\sigma(X)$。

2.1.2 抽样分布

如果对某一项数量指标进行实验与考察,则称待考察对象的全体为总体,称组成总体的每一个考察对象为个体,而总体中所包含个体的总量被称为总体的容量。容量无限的总体,称为无限总体,容量有限的总体,称为有限总体。

定义 2.3 设随机变量 X 的分布函数为 F,并设 $X_1, X_2, \cdots, X_n$ 为随机变量,且服从 F 分布,则称 $X_1, X_2, \cdots, X_n$ 为容量为 n 的服从 F 分布的随机样本,简称为样本,其观测值 $x_1, x_2, \cdots, x_n$ 被称为样本观测值或样本值。

实际应用中,样本只是统计推断依据,通常会针对不同的问题构造适当的样本函数来进行统计与推断。

定义 2.4 设样本 $X_1, X_2, \cdots, X_n$ 来自总体 X,且 $g(X_1, X_2, \cdots, X_n)$ 为一个除 $X_1, X_2, \cdots, X_n$ 外不含任何其他未知参数的函数,则称 $g(X_1, X_2, \cdots, X_n)$ 为样本 $X_1, X_2, \cdots, X_n$ 的一个统计量。

设某总体 X 的一个样本 $X_1, X_2, \cdots, X_n$,对应的观测值为 $x_1, x_2, \cdots, x_n$,则以下几个统计量是图像分析评价中常用到的几个统计量。

定义 2.5 样本均值 $\overline{X}$ 为

$$\overline{X} = \frac{1}{n} \sum_{i=1}^{n} X_i \tag{2.1}$$

与之对应的样本均值观测值 $\overline{x}$ 为

$$\overline{x} = \frac{1}{n} \sum_{i=1}^{n} x_i \tag{2.2}$$

样本均值观测值 $\overline{x}$ 也称为样本均值。

定义 2.6 样本方差 S^2 为

$$S^2 = \frac{1}{n-1} \sum_{i=1}^{n} (X_i - \overline{X})^2 = \frac{1}{n-1} \left(\sum_{i=1}^{n} X_i^2 - n\overline{X}^2 \right) \tag{2.3}$$

与之对应的样本方差观测值 s^2 为

$$s^2 = \frac{1}{n-1} \sum_{i=1}^{n} (x_i - \overline{x})^2 = \frac{1}{n-1} \left(\sum_{i=1}^{n} x_i^2 - n\overline{x}^2 \right) \tag{2.4}$$

样本方差观测值 s^2 也称为样本方差。

定义 2.7 样本标准方差 S 为

$$S = \sqrt{S^2} = \sqrt{\frac{1}{n-1} \sum_{i=1}^{n} (X_i - \overline{X})^2} \tag{2.5}$$

与之对应的样本标准方差观测值 s 为

$$s = \sqrt{s^2} = \sqrt{\frac{1}{n-1} \sum_{i=1}^{n} (x_i - \overline{x})^2} \tag{2.6}$$

样本标准方差观测值 s 也称为样本标准方差。

定义 2.8 样本 k 阶矩或 k 阶原点矩 $\boldsymbol{A}_k$ 为

$$A_k = \frac{1}{n} \sum_{i=1}^{n} X_i^k, \quad k = 1, 2, 3, \cdots \tag{2.7}$$

与之对应的样本 k 阶矩或 k 阶原点矩观测值 a_k 为

$$a_k = \frac{1}{n} \sum_{i=1}^{n} x_i^k, \quad k = 1, 2, 3, \cdots \tag{2.8}$$

样本 k 阶矩或 k 阶原点矩观测值 a_k 也称为样本 k 阶矩或 k 阶原点矩。

定义 2.9 样本 k 阶中心矩 B_k 为

$$B_k = \frac{1}{n} \sum_{i=1}^{n} (X_i - \overline{X})^k, \quad k = 1, 2, 3, \cdots \tag{2.9}$$

与之对应的样本 k 阶中心矩观测值 b_k 为

$$b_k = \frac{1}{n} \sum_{i=1}^{n} (x_i - \overline{x})^k, \quad k = 1, 2, 3, \cdots \tag{2.10}$$

样本 k 阶中心矩观测值 b_k 也称为样本 k 阶中心矩。

2.1.3 直方图与频次图

对一个随机变量 X 的观测值 $x_1, x_2, \cdots, x_n$，为了有效地解释与评价这些观测值，首先必须有序地组织呈现这些数据。当数据量较大时，直方图是对数据的一种高效图形化表示。例如，灰度图像 Bird 的大小为 512×512，用 X 来表示灰度，则 X 的取值范围是 $[0, 255]$。灰度图像中的每种灰度所具有的像素个数，可以用灰度直方图来直观地表示，即灰度直方图描述的是灰度图像中每种灰度出现的频次，该灰度图像 Bird 可用图 2.1 所示的灰度直方图来更直观地描述每种灰度出现的频次，其中的横坐标表示取值范围为 $[0, 255]$ 的灰度值，纵坐标表示每种灰度出现的频次，即每种灰度像素的个数。这是该灰度图像的一个基本统计特征。

如图 2.2 所示，从概率角度分析灰度图像的直方图时，可以用每种灰度出现的概率表示直方图中对应灰度的出现频率，即这种灰度的像素数，则灰度的概率密度函数 $f(x)$ 就对应于灰度直方图，而灰度概率密度函数的积分（即可表示直方图的累积和），就是该灰度图像的灰度分布函数，即有

$$F(x) = \int_0^x f(x) \, \mathrm{d}x \tag{2.11}$$

$$f(x) = \frac{\mathrm{d}F(x)}{\mathrm{d}x} \tag{2.12}$$

若从每种灰度的数目角度考察，则图像的总面积或者总像素数可表示为

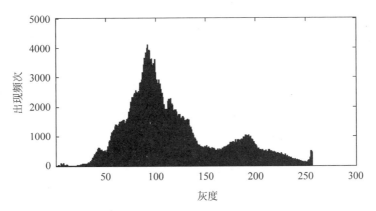

图 2.1 图像 Bird 的灰度直方图

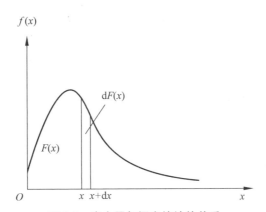

图 2.2 直方图与概率统计的关系

$$S(x) = \int_0^x H(x)\,\mathrm{d}x \tag{2.13}$$

$$S_0 = \int_0^{255} H(x)\,\mathrm{d}x \tag{2.14}$$

图像灰度概率密度为

$$f(x) = \frac{H(x)}{S_0} = \frac{\mathrm{d}S(x)/\mathrm{d}x}{S_0} \tag{2.15}$$

图像灰度分布函数为

$$F(x) = \frac{1}{S_0} \int_0^x H(x)\,\mathrm{d}x \tag{2.16}$$

2.2 t 检验

2.2.1 假设检验

为了提出关于某一总体的假设,有时需要在总体分布函数部分未知或者完全未知的情况下推断该总体的部分未知特征。例如,有时需要知道一个分布未知的正态总体的数学希望,可以假设该正态总体的数学期望为 μ_0,这时就需要做出对这种假设是接受还是拒绝的决策。这一决策过程被称之为假设检验。

假设检验是据计算样本做出的决策,这种决策可能会犯两类错误:一是假设 H_0 实际为真时而拒绝 H_0,这类"弃真"错误称为第 I 类错误;二是假设 H_0 实际为真时而接受 H_0,这类"取伪"错误称为第 II 类错误。在实际应用中,犯这两类错误的概率应尽可能地小。但当样本容量 n 一定时,若犯一类错误的概率减小,则犯另一类错误的概率就会增加。若要使犯两类错误的概率都减小,则只能增大样本容量 n 的值。实际应用中一般样本容量 n 的值都是固定的,故一般都是控制犯第 I 类错误的概率不大于给定常数 α,通常 α 取值较小,例如 $0.05,0.01,0.005$ 等。

定义 2.10 只控制犯第 I 类错误的概率而不考虑犯第 II 类错误的概率的检验称为显著性检验。

定义 2.11 对假设 $H_0:\mu=\mu_0$,$H_1:\mu\neq\mu_0$ 中的 H_1 表示观测值均值 μ 可能大于或小于 μ_0,故称之为双边备择假设,而称这种假设检验为双边假设检验。

在实际应用中,更多考虑的是新产品是否比旧产品更好用,即只考虑总体均值是否增加。此时,应将检验的假设更改为 $H_0:\mu\leq\mu_0$,$H_1:\mu>\mu_0$,称这种假设检验为右边检验;同理,有时也需要考虑总体均值是否减小,即假设 $H_0:\mu\geq\mu_0$,$H_1:\mu<\mu_0$,这种假设检验称为左边检验。这两种假设统称为单边检验。

2.2.2 单总体 $N(\mu,\sigma^2)$ 且 σ^2 未知时均值 μ 的检验

设某总体 $X\sim N(\mu,\sigma^2)$,其中均值 μ 和方差 σ^2 均未知,求当显著水平为 α 时,假设 $H_0:\mu=\mu_0$,$H_1:\mu\neq\mu_0$ 的拒绝域。

设来自总体 X 的容量为 n 的样本 $X_1,X_2,\cdots,X_n$,因方差 σ^2 未知,故以上的统计量 $U=(\overline{X}-\mu_0)/(\sigma/\sqrt{n})$ 确定不了拒绝域,但由于样本方差 S^2 是方差

σ^2 的无偏估计量，且 $[(\overline{X}-\mu_0)/(\sigma/\sqrt{n})]\sim t(n-1)$，由式（2.6）可知，$s$ 可通过计算求得，故可用统计量 $t=(\bar{x}-\mu_0)/(x/\sqrt{n})$ 检验。如图 2.3 所示，当 $|t|=|(\bar{x}-\mu_0)/(x/\sqrt{n})|\geqslant k$ 时就拒绝 H_0。由 $P_{\mu_0}[|(\bar{x}-\mu_0)/(x/\sqrt{n})|\geqslant k]=\alpha$ 得

$$k=t_{a/2}(n-1)$$

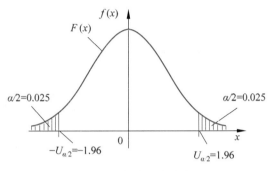

图 2.3　标准正态分布

即拒绝域为

$$|t|=\left|\frac{\bar{x}-\mu_0}{s/\sqrt{n}}\right|\geqslant i_{a/2}(n-1) \tag{2.17}$$

同理，当假设为 $H_0:\mu\leqslant\mu_0$，$H_1:\mu>\mu_0$ 时，则单边检验拒绝域为

$$t=\frac{\bar{x}-\mu_0}{s/\sqrt{n}}\geqslant t_a(n-1) \tag{2.18}$$

当假设为 $H_0:\mu\geqslant\mu_0$，$H_1:\mu<\mu_0$ 时，则单边检验拒绝域为

$$t=\frac{\bar{x}-\mu_0}{s/\sqrt{n}}\leqslant -t_a(n-1) \tag{2.19}$$

2.2.3　相同方差的两个正态总体均值差的检验

对载体图像和隐秘图像，设其为来自两个方差相同的两个独立正态总体样本 $I_1,I_2,\cdots,I_{n_1}$ 和 $I_1',I_2',\cdots,I_{n_2}'$，均值分别为 $\overline{I}$ 和 $\overline{I'}$，样本方差分别为 S_1^2 和 S_2^2，其中样本 $I_1,I_2,\cdots,I_{n_1}$ 来自总体 $N(\mu_1,\sigma^2)$，样本 $I_1',I_2',\cdots,I_{n_2}'$ 来自总体 $N(\mu_2,\sigma^2)$。设均值 μ_1、μ_2 和方差 σ^2 均未知，显著水平为 α，求 δ 为某一常数

$$H_0:\mu_1-\mu_2=\delta$$
$$H_1:\mu_1-\mu_2\neq\delta$$

检验的拒绝域。

检验统计量 t：

$$t = \frac{(\bar{I} - \bar{I'}) - \delta}{S_w \sqrt{\frac{1}{n_1} + \frac{1}{n_2}}}$$

其中，$S_w^2 = [(n_1-1)S_1^2 + (n_2-1)S_2^2]/(n_1+n_2-2)$，$S_w = \sqrt{S_w^2}$。由于 $t \sim t(n_1+n_2-2)$，故与前面单总体 t 检验法具有相似的拒绝域：

$$\left| \frac{(\bar{I} - \bar{I'}) - \delta}{s_w \sqrt{\frac{1}{n_1} + \frac{1}{n_2}}} \right| \geqslant k$$

由图 2.3 有

$$P_{\mu_1-\mu_2=\delta} = \left\{ \left| \frac{(\bar{I} - \bar{I'}) - \delta}{s_w \sqrt{\frac{1}{n_1} + \frac{1}{n_2}}} \right| \geqslant k \right\} = \alpha$$

由 $k = t_{\alpha/2}(n_1+n_2-2)$ 可得拒绝域为

$$|t| = \frac{|(\bar{I} - \bar{I'}) - \delta|}{s_w \sqrt{\frac{1}{n_1} + \frac{1}{n_2}}} \geqslant t_{\alpha/2}(n_1+n_2-2) \tag{2.20}$$

以上为双边检验拒绝域。同理，对单边假设 $H_0: \mu_1-\mu_2 \leqslant \delta, H_1: \mu_1-\mu_2 > \delta$ 检验的拒绝域：

$$t = \frac{(\bar{I} - \bar{I'}) - \delta}{s_w \sqrt{\frac{1}{n_1} + \frac{1}{n_2}}} \geqslant t_\alpha(n_1+n_2-2) \tag{2.21}$$

对单边假设 $H_0: \mu_1-\mu_2 \geqslant \delta, H_1: \mu_1-\mu_2 < \delta$ 检验的拒绝域：

$$t = \frac{(\bar{I} - \bar{I'}) - \delta}{s_w \sqrt{\frac{1}{n_1} + \frac{1}{n_2}}} \leqslant -t_\alpha(n_1+n_2-2) \tag{2.22}$$

2.2.4　基于成对数据的检验

在实际应用中，相同条件下对两种仪器、两种产品以及两种方法做对比实验，得到一组成对的对比实验观测值，然后分析这两种仪器、两种产品以及两种方法的差异。这种方法称为逐对比较法。对载体图像和隐秘图像，设观测得到

相互独立的 n 对数据：$(I_1,I_1'),(I_2,I_2'),\cdots,(I_1,I_n')$，若

$$C_1=(I_1,I_1'),C_2=(I_2,I_2'),\cdots,C_n=(I_1,I_n')$$

则 $C_1,C_2,\cdots,C_n$ 相互独立。因 $C_1,C_2,\cdots,C_n$ 由同一因素引起，故服从同一分布，故可设 $C_1,C_2,\cdots,C_n$ 为均值 μ_C 和方差 σ_C^2 均未知的正态总体 $N(\mu_C,\sigma_C^2)$ 的一个样本。设显著水平为 α，$C_1,C_2,\cdots,C_n$ 的样本均值观测值为 $\bar{C}$，样本方差的观测值为 s_C^2。由式(2.17)，若样本检验假设为

$$H_0:\mu_C, \quad H_1:\mu_C \neq 0$$

则双边检验的拒绝域为

$$|\,t\,|=\left|\frac{\bar{C}-\mu_0}{s_C^2/\sqrt{n}}\right|\geqslant t_{\alpha/2}(n-1) \tag{2.23}$$

由式(2.18)，若样本检验假设为

$$H_0:\mu_C, \quad H_1:\mu_C \neq 0$$

则单边检验的拒绝域为

$$t=\frac{\bar{C}-\mu_0}{s_C^2/\sqrt{n}}\geqslant t_{\alpha}(n-1) \tag{2.24}$$

由式(2.19)，若样本检验假设为

$$H_0:\mu_C, \quad H_1:\mu_C \neq 0$$

则单边检验的拒绝域为

$$t=\frac{\bar{C}-\mu_0}{s_C^2/\sqrt{n}}\leqslant t_{\alpha}(n-1) \tag{2.25}$$

2.3 隐秘图像的质量评估

隐藏信息后的隐秘图像质量主要由具体的 RDH 方法确定，通过对隐秘图像质量的评价，可以对 RDH 技术进行评估。多年来，研究者们也迫切期望能找到一种较好的定量评估信息隐藏后的隐秘图像失真与逼真度的技术，并以此作为判断经图像信息隐藏后的隐秘图像质量的一个评判标准，然而到目前为止，人们还没有充分理解人类视觉特性，因此很难用定量的方式来描述人眼视觉的心理特性。于是，隐秘图像质量的评价指标与方法还需要进一步的研究分析。当前，可将评价隐秘图像质量的标准主要分为主观评价与客观评价两种方式。

2.3.1 主观图像质量评估法

ITU-R BT.500-13 建议书中规定了电视图像的主观评价方法，包括主观评

价电视图像质量的测试序列、人员、距离以及环境等详细的规定,其中最有代表性的是主观质量评分法(mean opinion score,MOS)。在建议书中,电视图像质量的主观评价方法又可细分为绝对主观图像质量评价与相对主观图像质量评价两种。

1. 绝对主观图像质量评价

绝对主观图像质量评价法又可分为质量及妨碍两种图像质量评价尺度。测试人员对处理后的图像进行视觉感受进行分级评分,分值可为1~5分,分值越高说明图像的质量越好。对非专业人员来说,一般采用质量尺度进行主观评价,而对专业人员来说,一般采用妨碍尺度进行主观评价。

2. 相对主观图像质量评价

相对主观图像质量评价法同样也可分为相对测量及绝对测量两种图像质量评价尺度。相对测量尺度用分值1~5表示处理后的图像从差至好的5个级别,而绝对测量尺度则分别用非常差、差、一般、好与非常好5个等级来表示。测试人员可根据不同的测量尺度对处理后的图像进行视觉感受,并将一组图像按照从最好至最差进行分类,最终给出相应等级的分数。最终的结果按式(2.26)计算观察者们给出的平均分

$$\overline{M} = \frac{\sum_{i=1}^{n} L_i M_i}{\sum_{i=1}^{n} L_i} \tag{2.26}$$

其中,L_i为将图像判定为第i类的观察者人数;M_i为第i类图像分数;n为图像等级。注意,为保证图像主观评价在统计学上有意义,包括一般观察者和专业人员在内的观察者人数L_i应大于20。

这两种主观评价图像质量方法的优点是无技术障碍且评价结果可靠,能真实反映图像的视觉质量;同时,这两种主观评价图像质量方法的主要缺点是无法对其用数学模型描述,在实际应用中,容易受观察者的知识背景、观测环境及动机等因素影响。此外,还存在耗时、费用高以及难以实现实时评价等缺点。

2.3.2 图像质量客观评估法

隐秘图像质量客观评价方法是通过对视觉系统建立数学模型,然后利用数学公式计算图像质量。隐秘图像质量的客观评价方法中有代表性的是结构相似性(structural similarity,SSIM)、峰值信噪比(peak signal to noise ratio,PSNR)、图像信噪比(signal noise ratio,SNR)与均方误差(mean squared error,

MSE)4 种评价方法。

1. 结构相似性

在研究图像加密和图像信息隐藏时,人们更关注的是加密或隐藏信息后图像发生了多大的变化,这种变化能否引起视觉上的感觉,以及增强加密信息或者隐藏信息的安全性。结构相似性(SSIM)由美国得克萨斯大学奥斯汀分校的图像与视频工程实验室首先提出,是一种评价两幅图像相似度的指标,它对信息隐藏前后两幅图像的相似度进行评价,其中隐秘图像的质量可以根据 SSIM 算法进行客观的评估。SSIM 算法的基本原理是,分别从图像的结构相似性、对比度以及亮度 3 个角度将载体图像与隐秘图像进行比较,然后综合考虑 3 个角度的比较结果,如图 2.4 所示。

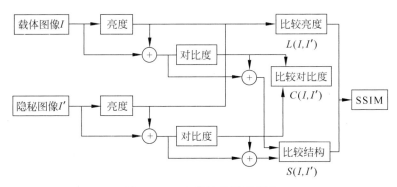

图 2.4　SSIM 算法的原理框图

设信息隐藏前与信息隐藏后的两幅图像分别为 I 和 I',图像的高和宽分别用 H 和 W 表示。则对应的图像均值 μ_I 和 $\mu_{I'}$ 为

$$\mu_I = \frac{1}{H \cdot W} \sum_{i=1}^{H} \sum_{j=1}^{W} I(i,j) \tag{2.27}$$

$$\mu_{I'} = \frac{1}{H \cdot W} \sum_{i=1}^{H} \sum_{j=1}^{W} I'(i,j) \tag{2.28}$$

图像的标准差分别记为 σ_I 和 $\sigma_{I'}$,方差分别为 σ_I^2 和 $\sigma_{I'}^2$,$\sigma_{II'}$ 表示两幅图像的协方差,则有

$$\sigma_I^2 = \frac{1}{H \cdot W - 1} \sum_{i=1}^{H} \sum_{j=1}^{W} \left[I(i,j) - \mu_I \right]^2 \tag{2.29}$$

$$\sigma_{I'}^2 = \frac{1}{H \cdot W - 1} \sum_{i=1}^{H} \sum_{j=1}^{W} \left[I'(i,j) - \mu_{I'} \right]^2 \tag{2.30}$$

$$\sigma_{II'} = \frac{1}{H \cdot W - 1} \sum_{i=1}^{H} \sum_{j=1}^{W} \left[I(i,j) - \mu_I \right] \left[I'(i,j) - \mu_{I'} \right] \tag{2.31}$$

$$\sigma_I = \sqrt{\sigma_I^2} \tag{2.32}$$

$$\sigma_{I'} = \sqrt{\sigma_{I'}^2} \tag{2.33}$$

为了避免分母为 0 情况的发生，设 C_1、C_2、C_3 为常数。通常取 $C_1 = (K_1 \times L)^2$，$C_2 = (K_2 \times L)^2$，$C_3 = C_2/2$。其中 K_1 和 K_2 的默认值分别为 0.01 和 0.03，图像灰度 L 取值为 255。比较亮度函数 $L(I,I')$、比较对比度函数 $C(I,I')$ 及结构相似性函数 $S(I,I')$ 分别定义如式(2.34)～式(2.36)所示：

$$L(I,I') = \frac{2\mu_I \mu_{I'} + C_1}{\mu_I^2 + \mu_{I'}^2 + C_1} \tag{2.34}$$

$$C(I,I') = \frac{2\sigma_I \sigma_{I'} + C_2}{\sigma_I^2 + \sigma_{I'}^2 + C_2} \tag{2.35}$$

$$S(I,I') = \frac{\sigma_{II'} + C_3}{\sigma_I \sigma_{I'} + C_3} \tag{2.36}$$

于是，SSIM 的计算如式(2.37)所示：

$$SSIM = L(I,I') \cdot C(I,I') \cdot S(I,I') \tag{2.37}$$

当设定 $C_3 = C_2/2$ 时，通常可将式(2.37)改写成如式(2.38)所示的更简洁形式：

$$SSIM = \frac{(2\mu_I \mu_{I'} + C_1)(2\sigma_I \sigma_{I'} + C_2)}{(\mu_I^2 + \mu_{I'}^2 + C_1)(\sigma_I^2 + \sigma_{I'}^2 + C_2)} \tag{2.38}$$

2. 图像信噪比

对处理后隐秘图像的质量的评价，常常使用隐秘图像与载体图像像素差的统计误差来作为原始载体图像与处理后的隐秘图像相似度。根据统计角度分析，处理后的隐秘图像与处理前载体图像的误差越小，则隐秘图像与载体图像差异将会越小，即两幅图像相似度越高，说明隐秘图像的质量也越高。为此，设原始载体图像为 I，信息隐藏后的隐秘图像为 I'，且该两幅图像的大小相等，令图像的高和宽分别为 H 和 W，则信噪比(SNR)的定义如下：

$$SNR = 10\lg \frac{\sum_{i=1}^{H} \sum_{j=1}^{W} I(i,j)^2}{\sum_{i=1}^{H} \sum_{j=1}^{W} \left[I(i,j) - I'(i,j) \right]^2} \tag{2.39}$$

可以看出，信噪比越大，说明对原图像的修改越小，即处理后的图像质量越高。

3. 均方误差和峰值信噪比

设处理前原载体灰度图像为 I，处理后的隐秘灰度图像为 I'，灰度图像的

高和宽分别为 H 和 W。则均方误差定义如下：

$$\text{MSE} = \frac{1}{H \cdot W} \sum_{i=1}^{H} \sum_{j=1}^{W} \left[I(i,j) - I'(i,j) \right]^2 \qquad (2.40)$$

则峰值信噪比（PSNR）定义如下：

$$\text{PSNR} = 10\lg \frac{I(i,j)_{\max}^2}{\text{MSE}} \qquad (2.41)$$

其中 $I(i,j)_{\max}$ 是灰度函数的最大值,对常用的 8 位灰度图像,灰度函数 $I(i,j) \in [0,255]$,即 $I(i,j)_{\max} = 255$。故对常用的 8 位灰度图像,其 PSNR 定义如下：

$$\text{PSNR} = 10\lg \frac{255^2}{\text{MSE}} \qquad (2.42)$$

对 RGB 彩色图像,图像的 3 个基色分量 R、G、B 分别代表 1B（即 8 位）,于是对应的载体彩色图像 I 及处理后的隐秘彩色图像 I' 的 PSNR 定义如下[116]：

$$\text{PSNR} = 10\lg \frac{255^2}{(\text{MSE}_R + \text{MSE}_G + \text{MSE}_B)/3} \qquad (2.43)$$

其中,3 个基色分量 R、G、B 的均方误差分别为

$$\text{MSE}_R = \frac{1}{H \cdot W} \sum_{i=1}^{H} \sum_{j=1}^{W} \left[I(i,j)_R - I'(i,j)_R \right]^2 \qquad (2.44)$$

$$\text{MSE}_G = \frac{1}{H \cdot W} \sum_{i=1}^{H} \sum_{j=1}^{W} \left[I(i,j)_G - I'(i,j)_G \right]^2 \qquad (2.45)$$

$$\text{MSE}_B = \frac{1}{H \cdot W} \sum_{i=1}^{H} \sum_{j=1}^{W} \left[I(i,j)_B - I'(i,j)_B \right]^2 \qquad (2.46)$$

　　由于 MSE 同主观感觉差距较大,即均方误差同主观评价相关性较小,故常常不用来评价处理后的图像质量。而 PSNR 具有便于理解和计算的优点,由式(2.42)可知,PSNR 值越大,处理后的图像失真越小,即处理后图像质量越好。故一般都是采用 PSNR 来评价处理后的图像质量。一般来说,当 PSNR 值大于 35 时,肉眼就很难分辨出处理前后图像的差异,而当 PSNR 值大于 28 时,处理前后图像质量差异不是很显著,如果不仔细分辨,很难察觉这种细微差异。所以人们最常用 PSNR 来评价图像质量。由于计算 PSNR 时是用像素差分来计算的,计算时并没有考虑图像本身的内容,也没考虑人眼视觉观察条件所造成的失真因素,所以在图像处理的实际应用过程中,人眼观察的图像质量与 PSNR 值也不完全相符。实验表明[117]:当分别在同一幅图像的高频、中低频及低频部加入白噪声干扰,使 3 幅加白噪声后的图像的 PSNR 相同,此时会发现高频部分加入白噪声干扰后图像质量优于其他两种情况。故 PSNR 评价图像质量也存在一定的局限性,故更接近人视觉特征的评价指标还有待继续探讨。

第 3 章

基于有效位差分扩展的 RDH 算法

本章结合像素二进制有效位和 DE 方法提出了一种基于有效位差分扩展的 RDH 方法。该方法首先将载体图像像素分解成两部分：较高有效位（HSB）与最低有效位（LSB），并计算相邻像素间的 HSB 差分。然后通过差分平移在 HSB 中隐藏信息，平移量和平移规则相对比较固定，故能实现可逆性。由于像素的 HSB 和 LSB 的分离，一些对隐秘图像无意的攻击并不能影响 HSB，故算法具有一定的稳健性。同时提出了防止上溢和下溢问题的相应措施。

3.1 有效位差分扩展 RDH 相关研究工作

近年来，基于 DE 的 RDH 方法研究较多而且也取得了较大的成就[113-114]。DE 隐藏方法由两步构成：直方图生成和直方图修改。除了直方图的生产方法外，现存的 DE 方法都共享一种直方图修改。即用差分 0 或 1 运载信息，而平移其他差分以便为信息腾出空间。下面通过新近的研究[39,115]来分析 DE 存在的问题。

3.1.1 Ou 等人的基于像素值顺序方法

为得到更好的多层直方图差分，如图 3.1 所示，Ou 等人的基于像素值顺序（pixel value ordering，PVO）方法是基于如下的原则来考虑的。

（1）选择较好的扩展差分，不仅能增加嵌入容量，而且还可以降低信息失真，使得隐藏性能明显提高。

（2）选择较好的扩展差分可以提高平均隐藏性能，此时，虽然嵌入容量可能减小，或者嵌入失真可能增加，但总体隐藏性能依然有所提高。

Ou[39] 等人的主要思想是，从预定义的 MHM 列表中选择一种直方图修改方式。对每个像素，都可以得到一个三元组向量 (p_i, a_i, b_i)，分别对应于当前处

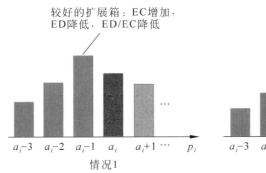
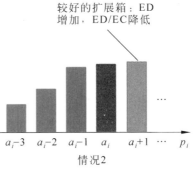

图 3.1　观察差分的选择

理像素、处理像素邻域内的最小值与最大值,其中,邻域 $U(u_1,u_2,\cdots,u_n)$ 的定义

如图 3.2 所示,图中邻域的像素数量 $n\in[0,15]$。于是,

p_i 的噪声级为 $\mathrm{NL}_i=b_i-a_i$。直方图的定义如下:

$$\begin{cases}g_1(r)=\#\{1\leqslant i\leqslant N:p_i-a_i=r\}\\ g_2(s)=\#\{1\leqslant i\leqslant N:p_i-b_i=s\}\end{cases} \quad (3.1)$$

其中,差分 r 与 s 用于扩展,则具有噪声级 t 的像素 p_i

的预测值为

p	u_1	u_4	u_9
u_2	u_3	u_6	u_{11}
u_5	u_7	u_8	u_{13}
u_{10}	u_{12}	u_{14}	u_{15}

图 3.2　像素 p 的邻域 U

$$\hat{p}_i=\begin{cases}b_i+s_t, & p_i\geqslant b_i+s_t,\mathrm{NL}_i=t\\ a_i+r_t, & p_i\leqslant a_i+r_t,\mathrm{NL}_i=t\\ \varnothing, & a_i+r_t<p_i<b_i+s_t,\mathrm{NL}_i=t\end{cases}$$

$$(3.2)$$

故隐秘像素 p'_i 为

$$p'_i=\begin{cases}p_i+m, & p_i=b_i+s_t,\mathrm{NL}_t=t\\ p_i-m, & p_i=a_i+r_t,\mathrm{NL}_t=t\\ p_i+1, & p_i>b_i+s_t,\mathrm{NL}_t=t\\ p_i-1, & p_i<a_i+r_t,\mathrm{NL}_t=t\\ p_i, & a_i+r_t<p_i<b_i+s_t,\mathrm{NL}_t=t\end{cases} \quad (3.3)$$

其中,m 为二进制隐藏信息位。因此,载体图像恢复如下:

$$p_i=\begin{cases}p'_i-1, & p'_i\geqslant b_i+s_t+1,\mathrm{NL}_i=t\\ p'_i+1, & p'_i\leqslant a_i+r_t-1,\mathrm{NL}_i=t\\ p'_i, & a_i+r_t\leqslant p'_i\leqslant b_i+s_t,\mathrm{NL}_i=t\end{cases} \quad (3.4)$$

信息提取如下：

$$m = \begin{cases} 0, & p'_i \in [b_i + s_t, a_i + r_t], \mathrm{NL}_i = t \\ 1, & p'_i \in [b_i + s_t + 1, a_i + r - 1_t], \mathrm{NL}_i = t \end{cases} \tag{3.5}$$

3.1.2 Zeng 等人的 RDH 方法

文献[115]中，Zeng 等人用 C 表示一幅大小为 $w \times h$ 的灰度图像，并将其分解成大小为 $m \times n$ 的不重叠的像素块。对某一 $m \times n$ 像素块，引进一个对应于该像素块的矩阵 M

$$M(i,j) = \begin{cases} 1, & \mathrm{mod}(i,2) = \mathrm{mod}(j,2) \text{ 且 } i \in [1,m], j \in [1,n] \\ -1, & \mathrm{mod}(i,2) \neq \mathrm{mod}(j,2) \text{ 且 } i \in [1,m], j \in [1,n] \end{cases}$$
$$\tag{3.6}$$

其中，函数 $\mathrm{mod}(i,2)$ 表示对 2 取模。则该像素块的差分 α 由式(3.7)可得

$$\alpha^{(k)} = \sum_{i=1}^{m} \sum_{j=1}^{n} [C^{(k)}(i,j)M(i,j)] \tag{3.7}$$

其中，(k) 表示第 k 个像素块，$C^{(k)}(i,j)$ 表示第 k 个像素块中位值为 (i,j) 的像素。α 的分布如图 3.3 所示，其中横坐标表示 α，纵坐标表示 α 的出现频次。

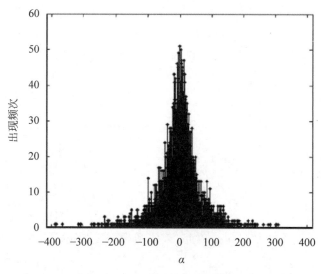

图 3.3　图像 Baboon 分解为 8×9 像素块时 α 的分布图

接着,引进两个正整数阈值 T 与 G,用于开辟信息嵌入空间。对任意正整数 T,按式(3.8)开辟空间:

$$S_1^{(k)}(i,j) = \begin{cases} C^{(k)}(i,j) + \beta_1, & \alpha = T \text{ 且 } \mathrm{mod}(i,2) = \mathrm{mod}(j,2) \\ C^{(k)}(i,j) + \beta_1, & \alpha <- T \text{ 且 } \mathrm{mod}(i,2) \neq \mathrm{mod}(j,2) \\ C^{(k)}(i,j), & \text{其他} \end{cases}$$

$$(3.8)$$

其中,$i \in [1,w]$,$j \in [1,h]$,$\beta_1 = \lceil 2(2G+T)/(mn) \rceil$,取整函数 $\lceil . \rceil$ 表示向上取整。式(3.8)的结果如图 3.4 所示,可以看出在 $[T+G, 2T+G]$ 或 $[-(2T+G), -(T+G)]$ 范围内没有 α 了,也就是说有效地获得了信息隐藏空间。

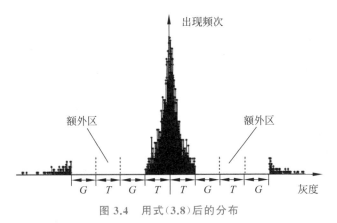

图 3.4 用式(3.8)后的分布

扫描每个像素块并检查差分 α,若 $\alpha \in [-T, T]$,则可嵌入 1 个信息位在该像素块中。当嵌入信息位为 0 时,像素块保持不变,若嵌入信息位为 1,则通过下式平移差分 α:

$$S^{(k)}(i,j) = \begin{cases} S_1^{(k)}(i,j) + \beta_2, & \alpha \in [0,T], \mathrm{mod}(i,2) = \mathrm{mod}(j,2) \\ S_1^{(k)}(i,j) + \beta_2, & \alpha \in [-T,0), \mathrm{mod}(i,2) \neq \mathrm{mod}(j,2) \\ S_1^{(k)}(i,j), & \text{其他} \end{cases}$$

$$(3.9)$$

其中,$\beta_2 = \lceil 2(T+G)/(mn) \rceil$。于是,$\alpha$ 的分布如图 3.5 所示。嵌入信息位 0 后,α 的值保持在 $[-T, T]$ 内不变,嵌入信息位 1 后,α 的值则保持在 $[T+G, 2T+G]$ 内或 $[-(2T+G), -(T+G)]$ 内。

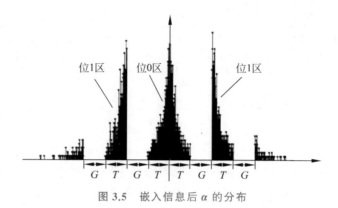

图 3.5　嵌入信息后 α 的分布

3.2　有效位差分扩展 RDH 模型

本节首先介绍有效位差分扩展(significance bit difference expansion, SBDE)RDH 模型的基本原理,然后给出其信息隐藏和提取方法。

3.2.1　有效位差分扩展 RDH 模型的基本原理

Ou 等人所提的 PVO 方法的基本思想是选择预定义 MHM 表中的一个修改模式,该方法不能改进像素对之间的相关关系,嵌入容量较低。而 Zeng 等人的 RDH 方法则在一个像素块中最多只能隐藏一位信息,嵌入容量也较低。在 DH 算法中,最简单而流行的算法就是简单的 LSB 替换,但是这并没有用到相邻像素对间的相关关系且不能做到无损地隐藏信息。为此,可利用像素间的 HSB 高相似性来提高嵌入容量。

对一幅大小为 $h \times w$ 的灰度图像 I,h 和 w 分别表示该图像的高和宽,图像像素取值范围为[0,255],这些像素也可以用二进制数字系统表示成 8 位的 $\{0,1\}$ 字符串。于是,灰度图像 I 可以表示成一个大小为 $h \times w \times 8$ 的 3D 矩阵 $\boldsymbol{C}$。也就是说,I 可以表示成从高到低的 8 个灰度位平面,不同的位平面的重要程度不一样,较低的平面基本上都是噪声,对图像信息的贡献较小,一些无意的攻击如 JPEG 压缩等,对像素低位影响较大,但对图像总体影响不大。因此,这些低位平面不能用于隐藏信息。

对每一像素 $I(i,j)$ 可用二进制表示为

$$I(i,j) = \sum_{k=0}^{7} 2^k a_k, \quad i \in [1,h], j \in [1,w], \quad a_k \in \{0,1\} \tag{3.10}$$

如果给定一个位平面位置 n（$n \in [0,7]$），则可将像素 $I(i,j)$ 分解成两部分：

$$I(i,j) = \sum_{k=n}^{7} 2^k a_k + \sum_{k=0}^{n-1} 2^k a_k \tag{3.11}$$

若令

$$I_{\mathrm{HSB}}(i,j) = \sum_{k=n}^{7} 2^k a_k \tag{3.12}$$

$$I_{\mathrm{LSB}}(i,j) = \sum_{k=0}^{n-1} 2^k a_k \tag{3.13}$$

于是，像素 $I(i,j)$ 可被分解成如图 3.6 所示的 HSB 和 LSB 两部分。

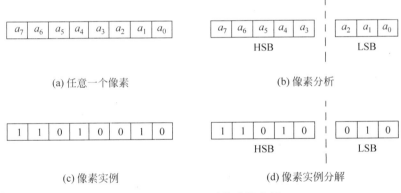

(a) 任意一个像素   (b) 像素分析

(c) 像素实例   (d) 像素实例分解

图 3.6 当 $n=3$ 时的分解实例

由于在图像中像素 $I(i,j)$ 通常用 $[0,255]$ 上的十进制数表示，故像素的 HSB 和 LSB 也可用十进制计算：

$$I_{\mathrm{HSB}}(i,j) = \mathrm{floor}\left(\frac{I(i,j)}{2^n}\right) \tag{3.14}$$

$$I_{\mathrm{LSB}}(i,j) = I(i,j) - 2^n I_{\mathrm{HSB}}(i,j) \tag{3.15}$$

其中，函数 $\mathrm{floor}(x)$ 表示小于或等于 x 的最大整数。如图 3.6(c) 与图 3.6(d) 所示，如果 $I(i,j)=210$，则 $I_{\mathrm{HSB}}(i,j)=\mathrm{floor}[I(i,j)/2^n]=\mathrm{floor}(210/2^3)=26$ 及 $I_{\mathrm{LSB}}(i,j)=I(i,j)-2^n I_{\mathrm{HSB}}(i,j)=210-2^3 \times 26=2$。故 HSB 中的最大值与最小值分别计算如下：

$$\max = \text{floor}\left(\frac{255}{2^n}\right) \tag{3.16}$$

$$\min = \text{floor}\left(\frac{0}{2^n}\right) = 0 \tag{3.17}$$

由于位平面 HSB 部分对图像信息贡献较大,且相邻像素间的 HSB 相关性也较大,所以可将信息隐藏在 HSB 中。于是,按从左到右顺序扫描图像的每一行,得到像素对:

$$(I_{\text{HSB}}(i,j-1), I_{\text{HSB}}(i,j)) \quad i \in [1,h], j \in [2,w] \tag{3.18}$$

按从上到下顺序扫描图像的第一列,得到像素对:

$$(I_{\text{HSB}}(i-1,), I_{\text{HSB}}(i,1)) \quad i \in [2,h] \tag{3.19}$$

图 3.7 将原始图像 I 用式(3.14)、式(3.15)分解成图像 I_{HSB} 与 I_{LSB} 的过程。其中,图 3.7(d)和图 3.7(e)是一个具体的分解实例。于是,图像 I_{HSB} 的每行差分计算如下:

$$d(i,j) = I_{\text{HSB}}(i,j) - I_{\text{HSB}}(i,j-1) \quad i \in [1,h], j \in [2,w] \tag{3.20}$$

并令 $d(1,1) = I_{\text{HSB}}(1,1)$。$I_{\text{HSB}}$ 的第一列差分计算如下:

$$d(i,1) = I_{\text{HSB}}(i,1) - I_{\text{HSB}}(i-1,1) \quad i \in [2,h] \tag{3.21}$$

统计差分,得到差分强度直方图(difference value intensity histogram, DVIH):

$$h(k) = \#\{i \in [1,h], j \in [1,w]: d(i,j) = k\} \tag{3.22}$$

根据式(3.16)与式(3.17),$k \in [-\max, \max]$。

$I(1,1)$	$I(1,2)$	...	$I(1,w-1)$	$I(1,w)$
$I(2,1)$	$I(2,2)$	...	$I(2,w-1)$	$I(2,w)$
$I(3,1)$	$I(3,2)$	...	$I(3,w-1)$	$I(3,w)$
⋮	⋮	⋱	⋮	⋮
$I(h-1,1)$	$I(h-1,2)$	...	$I(h-1,w)$	$I(h-1,w)$
$I(h,1)$	$I(h,2)$	...	$I(h,w-1)$	$I(h,w)$

(a) 原始图像

$I_{\text{HSB}}(1,1)$	$I_{\text{HSB}}(1,2)$	...	$I_{\text{HSB}}(1,w-1)$	$I_{\text{HSB}}(1,w)$
$I_{\text{HSB}}(2,1)$	$I_{\text{HSB}}(2,2)$	...	$I_{\text{HSB}}(2,w-1)$	$I_{\text{HSB}}(2,w)$
$I_{\text{HSB}}(3,1)$	$I_{\text{HSB}}(3,2)$	...	$I_{\text{HSB}}(3,w-1)$	$I_{\text{HSB}}(3,w)$
⋮	⋮	⋱	⋮	⋮
$I_{\text{HSB}}(h-1,1)$	$I_{\text{HSB}}(h-1,2)$	...	$I_{\text{HSB}}(h-1,w-1)$	$I_{\text{HSB}}(h-1,w)$
$I_{\text{HSB}}(h,1)$	$I_{\text{HSB}}(h,2)$	...	$I_{\text{HSB}}(h,w-1)$	$I_{\text{HSB}}(h,w)$

(b) 最高有效位图像

图 3.7　图像分解

I_{LSB} (1,1)	I_{LSB} (1,2)	...	I_{LSB} (1,w-1)	I_{LSB} (1,w)
I_{LSB} (2,1)	I_{LSB} (2,2)	...	I_{LSB} (2,w-1)	I_{LSB} (2,w)
I_{LSB} (3,1)	I_{LSB} (3,2)	...	I_{LSB} (3,w-1)	I_{LSB} (3,w)
⋮	⋮	⋱	⋮	⋮
I_{LSB} (h-1,1)	I_{LSB} (h-1,2)	...	I_{LSB} (h-1,w-1)	I_{LSB} (h-1,w)
I_{LSB} (h,1)	I_{LSB} (h,2)	...	I_{LSB} (h,w-1)	I_{LSB} (h,w)

(c) 最低有效位图像

72	73	...	156	152
75	76	...	159	152
75	76	...	161	153
⋮	⋮	⋱	⋮	⋮
54	53	...	76	77
55	54	...	77	77

(d) 原始图像实例

9	9	...	19	19
9	9	...	19	19
9	9	...	20	19
⋮	⋮	⋱	⋮	⋮
6	6	...	9	9
6	6	...	9	9

(e) 最高有效位图像实例

0	1	...	4	0
3	4	...	7	0
3	4	...	1	1
⋮	⋮	⋱	⋮	⋮
54	53	...	4	5
55	54	...	5	5

(f) 最低有效位图像实例

图 3.7 （续）

3.2.2 信息隐藏

设当 $a \leqslant b$ 时,差分为 a 与差分为 b 处分别有最大与次大频率,即具有最大与次大峰值;当 $a > b$ 时,差分为 a 与差分为 b 处分别有次大与最大频率。用 I' 与 I'_{HSB} 分别表示载体图像 I 与 I_{HSB} 所对应的隐秘图像。则可以通过以下两步将信息隐藏在 I_{HSB} 中。

首先,通过平移 a 和 b,按式(3.23)将信息隐藏在 I_{HSB} 的每一行中:

$$I'_{HSB}(i,j) = \begin{cases} I_{HSB}(i,j-1)+d(i,j)+t, & d(i,j)=b, I_{HSB}(i,j-1)+d(i,j) < \max-1 \\ I_{HSB}(i,j-1)+d(i,j)-t, & d(i,j)=a, I_{HSB}(i,j-1)+d(i,j) > 1 \\ I_{HSB}(i,j-1)+d(i,j)+1, & d(i,j)>b, I_{HSB}(i,j-1)+d(i,j) < \max-1 \\ I_{HSB}(i,j-1)+d(i,j)-1, & d(i,j)<a, I_{HSB}(i,j-1)+d(i,j) > 1 \\ I_{HSB}(i,j-1)+d(i,j), & 其他 \end{cases}$$

(3.23)

其中,$i \in [1,h]$,$j \in [2,w]$,且 t 是二进制信息位;接着,按式(3.24)将信息隐藏在 I_{HSB} 的第一列中:

$$I'_{HSB}(i,1) = \begin{cases} I_{HSB}(i-1,1)+d(i,1)+t, & d(i,1)=b, I_{HSB}(i-1,j)+d(i,1)<\max-1 \\ I_{HSB}(i-1,1)+d(i,1)-t, & d(i,1)=a, I_{HSB}(i-1,j)+d(i,1)>1 \\ I_{HSB}(i-1,1)+d(i,1)+1, & d(i,1)>b, I_{HSB}(i-1,j)+d(i,1)<\max-1 \\ I_{HSB}(i-1,1)+d(i,1)-1, & d(i,1)<a, I_{HSB}(i-1,j)+d(i,1)>1 \\ I_{HSB}(i-1,1)+d(i,1), & \text{其他} \end{cases}$$
(3.24)

如图3.8所示,用式(3.23)和式(3.24)将绿色的差分向左或向右平移1位腾出空间以便嵌入信息,而红色扩展差分则用于嵌入信息位0或1。即若 $d(i,j) > b$ 且 $I_{HSB}(i,j-1)+d(i,j)<\max-1$,则将 $I_{HSB}(i,j)$ 向右移动一位;若 $d(i,j)=b$ 且 $I_{HSB}(i,j-1)+d(i,j)<\max-1$,则嵌入一个信息位在 $I_{HSB}(i,j)$ 中;若 $d(i,j)=a$ 且 $I_{HSB}(i,j-1)+d(i,j)>1$,则可嵌入一个信息位在 $I_{HSB}(i,j)$ 中。于是,按式(3.25)可得到隐秘图像 I':

$$I'(i,j) = 2^n I'_{HSB}(i,j) + I_{LSB}(i,j)$$
(3.25)

最后,将隐秘图像 I' 及密钥 a 与 b 发送给接收者,以便正确地提取出秘密信息以及能正确地恢复原始图像 I。

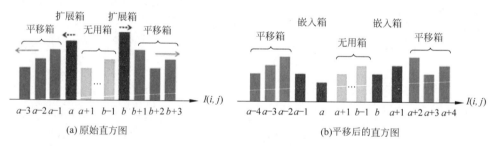

(a)原始直方图　　　　　　　　　(b)平移后的直方图

图3.8　直方图修改

提出算法的嵌入实例如图3.9～图3.11所示。为演示本算法的信息隐藏过程,随机地从图像 Surveyor 中选择了一个 16×16 的像素块,选择的像素块及其对应的矩阵如图3.9所示。用式(3.14)和式(3.15)将其分解成如图3.10(a)和图3.10(b)所示的两部分,即 LSB 与 HSB 矩阵。由式(3.16),本例中的 $\max=31$。如图3.10(c)所示,对应于差分直方图的最大和第二大频次的差分分别为 $a=0$ 与 $b=1$。由式(3.20)和式(3.21)计算的 HSB 矩阵的差分如图3.10(c)所示,随机生成的秘密信息如图3.10(d)所示。用式(3.23)和式(3.24)嵌入了秘密信息后的隐秘矩阵 HSB 如图3.10(e)所示。最后,由式(3.25)得到的隐秘图像及其对应的隐秘区域矩阵如图3.11所示。

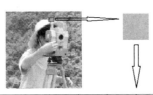

120	121	121	122	124	128	128	127	125	125	126	127	125	128	127	122
120	121	119	121	123	124	124	122	121	120	122	124	124	124	125	124
120	122	121	123	124	122	121	122	123	123	120	125	125	121	123	127
121	127	116	121	124	122	121	123	123	122	128	126	125	125	127	126
122	118	121	124	123	125	123	128	124	122	122	127	123	124	124	122
121	119	119	122	121	124	123	128	126	124	125	128	125	126	127	126
121	123	119	120	120	123	123	126	124	124	132	128	123	119	121	124
122	125	120	119	119	122	123	124	123	124	132	129	128	124	126	128
123	124	118	117	118	120	123	124	125	125	129	128	130	127	128	128
124	124	120	119	120	120	124	123	125	124	127	127	127	124	125	125
124	121	123	122	124	120	124	124	126	123	123	128	128	130	131	127
122	118	123	123	125	120	125	126	129	125	124	128	123	124	126	124
118	122	122	124	116	124	125	127	120	127	127	126	126	126	122	129
124	120	118	123	119	124	125	127	121	122	129	126	125	120	125	120
124	124	122	123	121	123	123	125	124	125	122	124	116	123	123	121
119	117	123	119	119	121	120	119	122	125	124	127	118	127	123	120

图 3.9　图像 Surveyor 中的一个 16×16 的像素块及其对应的像素矩阵

(a) LSB矩阵

0	1	1	2	4	0	0	7	5	5	6	7	5	0	7	2
0	1	7	1	3	4	4	2	1	0	2	4	4	4	5	4
0	2	1	3	4	2	1	2	3	3	0	5	5	1	3	7
1	7	4	1	4	2	1	3	3	2	0	6	5	5	7	6
2	6	1	4	3	5	3	0	4	2	2	7	3	4	4	2
1	7	7	2	1	4	3	0	6	4	5	0	5	6	7	6
1	3	7	0	0	3	3	6	4	4	4	0	3	7	1	4
2	5	0	7	7	2	3	4	3	4	4	1	0	4	6	0
3	4	6	5	6	0	3	4	5	5	1	0	2	7	0	0
4	4	0	7	0	0	4	3	5	4	7	7	7	4	5	5
4	1	3	2	4	0	4	4	6	3	3	0	0	2	3	7
2	6	3	3	5	0	5	6	1	5	4	0	3	4	6	4
6	2	2	4	4	5	7	0	7	7	6	6	6	2	1	
4	0	6	3	7	4	5	7	1	2	1	6	5	0	5	0
4	4	2	3	1	3	3	5	4	5	2	4	4	3	3	1
7	5	3	7	7	1	0	7	2	5	4	7	6	7	3	0

(b) HSB矩阵

15	15	15	15	15	16	16	15	15	15	15	15	15	16	15	15
15	15	14	15	15	15	15	15	15	15	15	15	15	15	15	
15	15	15	15	15	15	15	15	15	15	15	15	15	15	15	15
15	15	15	15	15	15	15	16	15	15	15	15	15	15		
15	14	15	15	15	15	16	15	15	15	15	15	15			
15	14	14	15	15	15	16	15	15	16	15	15	15			
15	15	14	15	15	15	15	15	15	15	14	15	15			
15	15	15	14	14	15	15	15	15	16	16	15	15	16		
15	15	15	14	15	15	15	15	15	16	15	16	15	16		
15	15	15	15	15	15	15	15	15	16	16	15	15			
15	14	15	15	15	15	16	15	16	15	15	15				
14	15	15	14	15	15	15	15	15	15	15	15	16			
15	15	14	15	14	15	15	15	16	15	15	15				
15	15	15	15	15	15	15	15	14	15	15	15				
14	14	15	14	14	15	15	14	15	15	15	14	15	15	15	

(c) HSB矩阵的差分

15	0	0	0	0	1	0	-1	0	0	0	0	0	1	-1	0
0	0	-1	1	0	0	0	0	0	0	0	0	0	0	0	0
0	0	0	0	0	0	0	0	0	0	0	0	0	0	0	0
0	0	-1	1	0	0	0	0	0	1	-1	0	0	0	0	
0	-1	1	0	0	0	0	1	-1	0	0	0	0	0	0	
0	-1	0	1	0	0	0	1	-1	0	0	1	-1	0	0	0
0	0	-1	1	0	0	0	0	0	1	0	-1	-1	1	0	
0	0	0	-1	0	1	0	0	0	0	1	0	0	-1	0	1
0	0	-1	0	0	1	0	0	0	0	0	0	0	-1	1	0
0	0	0	-1	1	0	0	0	0	0	0	0	0	0	0	
0	0	0	0	0	0	0	0	0	0	1	0	0	0	-1	
0	-1	1	0	0	0	0	1	-1	0	1	-1	0	0	0	
-1	1	0	0	-1	1	0	0	0	0	0	0	0	0	1	
1	0	-1	1	-1	1	0	0	0	0	1	-1	0	0	0	
0	0	0	0	0	0	0	0	0	0	0	-1	1	0	0	
-1	0	1	-1	0	1	0	-1	1	0	0	0	-1	1	0	0

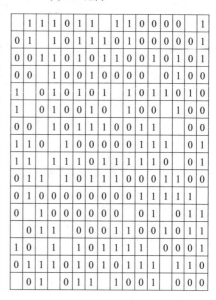

(d) 随机产生的隐秘信息位

图 3.10　当 $n=3$ 时的嵌入实例

15	14	15	15	14	16	15	14	15	15	14	14	15	17	14	15
14	15	13	16	15	14	14	14	14	15	15	14	15	15	14	14
15	14	15	15	15	14	14	14	15	15	15	15	15	14	14	
14	14	13	15	15	14	15	15	15	14	17	14	15	15	15	14
15	13	15	14	15	15	15	16	14	14	15	15	14	15	15	15
14	13	14	16	15	14	15	17	15	14	15	17	14	14	14	15
15	14	13	16	14	15	15	15	15	17	16	14	13	16	14	
15	14	15	13	14	15	15	14	15	15	14	16	16	14	15	14
14	14	13	13	14	16	15	14	14	15	15	15	14	17	15	
14	15	14	13	16	14	15	14	14	14	15	15	14	15	15	
14	14	14	14	15	14	15	14	14	15	15	15	16	14		
14	13	15	15	14	14	15	17	14	15	17	14	14	15	14	
13	16	14	15	13	14	15	14	14	14	14	14	15	16		
16	15	13	15	13	16	15	15	17	14	14	14	15	15		
15	15	14	15	14	15	15	15	15	15	13	16	15	15		
13	14	15	13	13	16	15	13	15	14	14	14	13	15	14	15

(e) 嵌入了信息的HSB矩阵

图 3.10　（续）

120	113	121	122	116	128	120	119	125	125	118	119	125	136	119	122
112	121	111	129	123	116	116	114	113	120	122	116	124	124	117	116
120	114	121	123	124	114	113	114	123	123	120	117	125	121	115	119
113	119	108	121	124	114	121	123	123	114	136	118	125	125	127	118
122	110	121	116	123	125	123	128	116	114	122	127	115	124	124	122
113	111	119	130	121	116	123	136	118	124	125	136	117	118	119	126
121	115	111	128	112	115	115	126	124	124	140	128	115	111	129	116
122	127	120	111	119	122	123	116	123	116	140	129	128	116	126	136
115	116	110	109	118	128	123	116	117	125	137	120	122	119	136	120
116	124	112	111	128	112	124	115	127	116	127	127	127	116	125	125
116	113	115	114	124	112	116	116	118	123	115	136	120	122	131	119
114	110	123	123	117	112	117	126	137	117	124	136	115	116	126	116
110	130	114	124	108	132	117	127	112	119	118	118	118	118	122	129
132	120	110	123	111	132	125	127	113	122	137	118	117	112	125	120
124	124	114	123	113	123	123	125	124	125	122	124	108	131	123	121
111	117	123	111	111	129	120	111	122	117	116	119	110	127	115	120

(a) 隐秘像素矩阵

(b) 像素块

图 3.11　隐秘像素矩阵及其像素块

3.2.3　信息提取与图像复原

在接收者接收到隐秘图像 I' 和密钥 a 与 b 后,为了提取出信息和复原原始载体图像 I,首先将 I' 按式(3.26)分解成 I'_{HSB} 与 I_{HSB} 两部分:

$$I'_{\mathrm{HSB}}(i,j)=\mathrm{floor}[I'(i,j)/2^n] \tag{3.26}$$

$$I_{\mathrm{LSB}}(i,j)=I'(i,j)-2^n I'_{\mathrm{HSB}}(i,j) \tag{3.27}$$

于是,隐秘图像 I'_{HSB} 的第一列隐秘差分计算如下:

$$d'(i,1)=I'_{\mathrm{HSB}}(i,1)-I'_{\mathrm{HSB}}(i-1,1) \tag{3.28}$$

其中,$i\in[2,h]$。因此,接收者可以按式(3.29)提取出嵌入在隐秘图像 I'_{HSB} 中第一列中的信息:

$$S(k)=\begin{cases} 0, & d'(i,1)=b,I'_{\mathrm{HSB}}(i-1,1)+d'(i,1)<\max \\ 1, & d'(i,1)=b+1,I'_{\mathrm{HSB}}(i-1,1)+d'(i,1)+1<\max \\ 0, & d'(i,1)=a,I'_{\mathrm{HSB}}(i-1,1)+d'(i,1)-1>0 \\ 1, & d'(i,1)=a-1,I'_{\mathrm{HSB}}(i-1,1)+d'(i,1)-1>0 \end{cases}$$

$$\tag{3.29}$$

其中,$i\in[2,h]$,$S(k)$ 为提取出的第 k 位信息。原始载体图像的第一列则按式(3.30)复原:

$$I_{\mathrm{HSB}}(i,1)=\begin{cases} I'_{\mathrm{HSB}}(i-1,1)+d'(i,1)-1, & d'(i,1)>b+1,I'_{\mathrm{HSB}}(i-1,1)+d'(i,1)<255 \\ I'_{\mathrm{HSB}}(i-1,1)+d'(i,1)+1, & d'(i,1)<a,I'_{\mathrm{HSB}}(i-1,1)+d'(i,1)>0 \\ I'_{\mathrm{HSB}}(i-1,1)+d'(i,1), & \text{其他} \end{cases}$$

$$\tag{3.30}$$

接着,接收者可以按式(3.31)计算隐秘图像 I'_{HSB} 中的其他像素的差分:

$$d'(i,j)=I'_{\mathrm{HSB}}(i,j)-I'_{\mathrm{HSB}}(i,j-1) \tag{3.31}$$

其中,$i\in[1,h]$,$j\in[2,w]$。因此,隐藏在隐秘图像 I'_{HSB} 中的其他列中的信息可按式(3.32)提取出来:

$$S(k)=\begin{cases} 0, & d'(i,j)=b,I'_{\mathrm{HSB}}(i,j-1)+d'(i,j)<\max \\ 1, & d'(i,j)=b+1,I'_{\mathrm{HSB}}(i,j-1)+d'(i,j)+1<\max \\ 0, & d'(i,j)=a,I'_{\mathrm{HSB}}(i,j-1)+d'(i,j)-1>0 \\ 1, & d'(i,j)=a-1,I'_{\mathrm{HSB}}(i,j-1)+d'(i,j)-1>0 \end{cases}$$

$$\tag{3.32}$$

其中,$i \in [1,h]$,$j \in [2,w]$。而隐秘图像 I'_{HSB} 中的其他列中的像素可按式(3.33)恢复出来:

$$I_{HSB}(i,j) = \begin{cases} I'_{HSB}(i,j-1)+d'(i,j)-1, & d'(i,j)>b+1, I'_{HSB}(i,j-1)+d'(i,j)<255 \\ I'_{HSB}(i,j-1)+d'(i,j)+1, & d'(i,j)<a, I'_{HSB}(i,j-1)+d'(i,j)>0 \\ I'_{HSB}(i,j-1)+d'(i,j), & \text{其他} \end{cases}$$

$$(3.33)$$

其中,$i \in [1,h]$,$j \in [2,w]$。最后,原始载体图像 I 可由式(3.34)得到

$$I(i,j) = 2^n I_{HSB}(i,j) + I_{LSB}(i,j) \tag{3.34}$$

信息的提取与原始载体图像的恢复如图 3.12 所示。接收者接收到的载体图像 I' 如图 3.12(a)所示,由式(3.26)和式(3.27)将其分解成如图 3.12(b)所示的图像 I'_{HSB} 与 I_{LSB},由式(3.28)～式(3.33)提取出的秘密信息及复原出的载体图像 HSB 如图 3.12(c)所示,最后用式(3.34)恢复的原始载体图像矩阵如图 3.12(d)所示。

12	11	12	12	11	12	12	11	12	12	11	11	12	13	11	12
11	12	11	12	12	11	11	11	1i	12	12	11	12	12	11	11
12	11	12	12	12	11	11	11	12	12	11	12	12	11	11	11
11	11	10	12	12	11	12	12	12	11	13	11	12	12	12	11
12	11	12	11	12	11	12	12	11	11	12	12	11	12	12	12
11	11	11	13	12	11	12	13	11	12	12	13	11	11	11	12
12	11	11	12	11	11	12	11	12	12	14	12	11	11	12	11
12	11	12	11	11	12	12	11	12	11	14	12	12	11	12	13
11	11	11	10	11	12	12	11	11	12	12	13	12	12	13	12
11	12	11	11	12	11	11	11	11	12	12	12	11	12	12	12
11	11	11	11	12	11	11	11	11	12	11	13	12	12	13	11
11	11	12	12	11	11	11	12	13	11	12	13	11	12	11	11
11	13	11	12	10	13	13	12	11	11	11	11	11	12	12	12
13	12	11	12	11	13	12	13	11	12	13	11	11	12	12	12
12	12	11	12	11	12	12	12	12	12	12	10	13	12	12	12
11	11	12	11	11	12	12	11	12	11	11	11	11	12	11	12

(a)隐秘像素矩阵

图 3.12 信息提取实例

(b) HSB与LSB矩阵

15	14	15	15	14	16	15	14	15	15	14	14	15	17	14	15
14	15	13	16	15	14	14	14	14	15	15	14	15	14	14	14
15	14	15	15	15	14	14	14	15	15	14	15	14	14	15	14
14	14	13	15	15	14	15	15	15	14	17	14	15	15	14	14
15	13	15	14	15	15	15	16	14	14	15	15	14	15	15	15
14	13	14	16	15	14	17	14	15	17	14	14	14	15	15	15
15	14	13	16	14	14	14	15	15	15	17	16	14	13	16	14
15	14	15	13	14	15	14	15	14	17	16	16	14	15	17	15
14	14	13	13	14	16	15	14	15	17	15	15	14	17	15	15
14	15	14	14	14	15	14	14	14	15	14	17	15	15	16	14
14	13	15	15	14	14	14	15	17	14	14	15	17	14	15	14
13	16	14	15	13	16	14	14	15	14	14	14	15	14	15	16
16	15	13	15	13	16	15	15	14	15	17	17	14	14	15	15
15	15	14	15	14	15	15	15	15	15	15	13	16	15	15	15
13	14	15	13	13	16	15	14	14	15	14	15	15	14	15	15

0	1	1	2	4	0	0	7	5	5	6	7	5	0	7	2
0	1	7	1	3	4	4	2	1	0	2	4	4	4	5	4
0	2	1	3	4	2	1	2	3	3	0	5	5	1	3	7
1	7	4	1	4	2	1	3	3	2	0	6	5	5	7	6
2	6	1	4	3	5	3	0	4	2	2	7	3	4	4	2
1	7	7	2	1	4	3	0	6	4	5	0	5	6	7	6
1	3	7	0	0	3	3	6	4	4	4	0	3	7	1	4
2	5	0	7	7	2	3	4	3	4	4	1	0	4	6	0
3	4	6	5	6	0	3	4	5	5	1	0	2	7	0	0
4	4	0	7	0	0	4	3	5	4	7	7	7	4	5	5
4	1	3	2	4	0	4	4	6	3	3	0	0	2	3	7
2	6	3	3	5	0	5	6	1	5	4	0	3	4	6	4
6	2	2	4	4	5	7	0	7	7	6	6	6	2	1	
4	0	6	3	7	4	5	7	1	2	1	6	5	0	5	0
4	4	2	3	1	3	3	5	4	5	2	4	4	3	3	1
7	5	3	7	7	1	0	7	2	5	4	7	6	7	3	0

(c) 从HSB中恢复的HSB与提取出的隐秘信息

15	15	15	15	15	16	16	15	15	15	15	15	16	15	15
15	15	14	15	15	15	15	15	15	15	15	15	15	15	15
15	15	15	15	15	15	15	15	15	15	15	15	15	15	15
15	15	14	15	15	15	15	15	15	16	15	15	15	15	15
15	14	15	15	15	15	16	15	15	15	15	15	15	15	15
15	14	14	15	15	15	16	15	15	16	15	15	15	15	15
15	15	14	15	15	15	15	15	16	16	15	14	15	15	15
15	15	15	14	14	15	15	15	15	16	16	16	15	15	16
15	15	14	14	14	15	15	15	15	16	16	16	15	16	16
15	15	15	14	15	15	15	15	15	15	16	16	16	15	15
15	14	15	15	15	15	16	15	15	16	15	15	15	15	15
14	15	15	15	14	15	15	15	15	15	15	15	15	15	16
15	15	14	15	14	15	15	15	15	15	15	15	15	15	15
15	15	15	15	15	15	15	15	15	15	14	15	15	15	15
14	14	15	14	14	15	15	15	14	15	15	15	14	15	15

1	1	1	0	1	1		1	1	0	0	0	0		1
0	1		1	0	1	1	1	0	1	0	0	0	0	1
0	0	1	1	0	1	0	1	1	0	0	1	0	1	0
0	0		1	0	0	1	0	0	0	0		0	1	0
1		0	1	0	1	0	1		1	0	1	1	0	1
1		0	1	0	0	1	0		1	0	0		1	0
0	0		1	0	1	1	1	0	0	1	1		0	0
1	1	0		1	0	0	0	0	0	1	1	1		0
1	1		1	1	1	0	1	1	1	1	1	0		0
0	1	1		1	0	1	1	1	0	0	0	1	1	0
0	1	0	0	0	0	0	0	0	0	1	1	1	1	1
0		1	0	0	0	0	0		0	1		0	1	1
	0	1	1		0	0	0	1	1	0	0	1	0	1
1	0		1		1	0	1	1	1	1		0	0	0
0	1	1	1	0	1	0	1	0	0	1	1		1	1
	0	1		0	1	1		1	0	0	1		0	0

图 3.12 （续）

120	121	121	122	124	128	128	127	125	125	126	127	125	128	127	122
120	121	119	121	123	124	124	122	121	120	122	124	124	124	125	124
120	122	121	123	124	122	121	122	123	123	120	125	125	121	123	127
121	127	116	121	124	122	121	123	123	122	128	126	125	125	127	126
122	128	121	124	123	125	123	128	124	122	122	127	123	124	124	122
121	119	119	122	121	124	123	128	126	124	125	128	125	126	127	126
121	123	119	120	120	123	123	126	124	124	132	128	123	119	121	124
122	125	120	119	119	122	123	124	123	124	132	128	124	126	128	
123	124	118	117	118	120	123	124	125	125	129	128	130	127	128	128
124	124	120	119	120	120	124	123	125	124	127	127	127	124	125	125
124	121	123	122	124	120	124	124	126	123	123	128	128	130	131	127
122	128	123	123	125	120	124	129	124	128	123	124	126	124		
118	122	122	124	116	124	125	127	120	127	127	126	126	126	122	129
124	120	118	123	119	124	125	127	121	122	129	126	125	120	125	120
124	124	122	123	121	123	123	125	124	125	122	124	116	123	123	121
119	117	123	119	119	121	120	119	122	125	124	127	118	127	123	120

(d) 载体矩阵

图 3.12 （续）

3.3 算法性能分析

本节将讨论位平面参数 n，上溢、下溢问题以及本算法的优点。

3.3.1 位平面参数 n

如式(3.12)及图 3.1 所示，位平面参数 n 将会影响到图像 I_{HSB} 的像素，而信息又隐藏在 I_{HSB} 像素中，故 n 对算法的性能有重要影响。将其在图像库中进行了测试，该图像库由大小为 816×816 像素的彩色 JPG 格式图像组成。实验时将所有的彩色图像都转换成灰度图像来进行实验，表 3.1 列出了随机选择的 20

幅图像对不同的 n 的嵌入容量(embedding capacity,EC)[①]。通过比较可以发现开始时,EC 随着 n 的增加而增加,因为随着 n 的增加,图像 I_{HSB} 的像素对间的相关性越大。另外,当 $n=3$ 时 EC 达到最大,因为当 $n>3$ 时,图像 I_{HSB} 的大部分像素都变成了 0,而根据式(3.23)和式(3.24),要嵌入 1 位信息,必须满足 $I_{HSB}(i,j)>1$。

表 3.1 不同位平面参数 n 与 20 幅图像对应的 EC

单位:1×10^4 bpp

图 像	$n=1$	$n=2$	$n=3$	$n=4$
1	7.9	8	8.8	7.5
2	5.2	5.4	6.3	5
3	6.6	6.7	7.5	6.4
4	6	6.3	7.2	5.9
5	3.5	3.8	5.1	3
6	3.8	3.9	5.4	3.6
7	4.3	4.3	5.1	4.1
8	3.7	3.9	4.6	3.4
9	6.5	6.6	7.4	6.4
10	4.6	4.9	5.8	4.6
11	7	7.3	8.2	6.8
12	6.1	6.3	7	5.8
13	6.8	6.9	8	6.7
14	5.6	5.8	6.5	5.3
15	4.1	4.3	5.2	4
16	4.4	4.7	5.7	4.2
17	4.7	5	5.8	4.6
18	3.9	4	5	3.8
19	5.1	5.1	6.1	4.9
20	4.2	4.4	5.6	4

3.3.2 上溢和下溢问题

在灰度图像中,由于灰度的取值范围是 $[0,255]$,所以当图像的像素大于

---

① 嵌入容量的单位为 bpp(bit per pixel,位每像素)。

255 或者小于 0 时,就会出现上溢或下溢问题。根据式(3.16)和式(3.17),像素 $I_{HSB}(i,j)$ 的最大值和最小值分别为 max 和 0,在信息隐藏过程中像素 $I_{LSB}(i,j)$ 的值不变。如果像素 $I_{HSB}(i,j)$ 满足 $0 \leqslant I_{HSB}(i,j) \leqslant max$,则不会发生上溢或下溢问题。由式(3.23)和式(3.24)可知,没有像素 $I_{HSB}(i,j)$ 满足 $I_{HSB}(i,j) > max$ 或 $I_{HSB}(i,j) < 0$,故不会出现上溢或下溢问题。

3.3.3 本算法的优点

本算法具有以下优点。

(1) 因为图像 I_{HSB} 中相邻像素间的相似性较高,所以本算法的嵌入容量大。

(2) 因为图像 I_{LSB} 中的像素不参与信息隐藏,即这些像素的改变不影响信息的嵌入,故本算法具有一定的稳健性。

(3) 嵌入过程中能有效地避免发生上溢或下溢的问题。

(4) 能正确地提取出信息。当隐秘图像没有改变时,能无损地恢复原始载体图像。

3.4 算法的实验设计与分析

为了正确地评价本算法的性能,将其与当前比较新近的 RDH 方法[39,76,89,111,115] 在 6 幅标准灰度图像以及图像库中进行实验对比。为简单起见,分别将对比文献简化为 1-BE[111](block embedding)、1-PVO[39]、2-PVO[76]、1-PEE[89] 以及 2-BE[115]。实验的硬件环境是 Intel i3 处理器(2.2GHz),内存为 6GB 的计算机。实验所用秘密信息是由伪随机数生成器产生的二进制随机数。其中,算法 1-BE、1-PVO、2-PVO 及 2-BE 为 4×4 的像素块,根据以上讨论,本算法(Proposed)的位平面参数 $n = 3$。

可以用熵来评价直方图的 DVIH。通过这种方式可以得到所提出新算法中用到图像 I_{HSB} 的直方图具有优势。直方图的熵越小,其 DVIH 越集中,对同一个 EC 具有较小的嵌入失真。表 3.2 是用传统方法的像素组合及提出新方法的像素组合求得的 2DPEH 的熵。本算法只用了图像 I_{HSB} 的 DVIH 中的最大和第二大强度。对表 3.2 中的每幅图像,第 1 列是 EC 为最大时对应的熵,第 2 列是 EC 为 20 000bpp 时对应的熵。通过比较可以发现,对所有测试图像,提出算法的熵最低。这说明,将两个像素之间的 HSB 平面作为相似度测量,所得到的熵较其他算法要低。而算法 1-BE、1-PVO、2-PVO 及 2-BE 则是将载体图像分解成不重叠的像素块,这样的方法使得像素之间的相似度较低,因此这些算法的熵较大。

表 3.2 用传统方法的像素组合及提出方法的像素组合求得的 2DPEH 的熵

单位：dB

图　像	Surveyor		Baboon		Airplane		Barbara		Elaine		Lake	
1-PEE	5.567	5.345	8.048	8.002	8.048	7.884	6.546	6.266	6.724	6.417	6.779	6.515
2-PVO	5.514	5.282	8.081	7.973	5.149	5.021	6.457	6.224	6.692	6.453	6.633	6.407
1-PVO	5.528	5.331	8.043	7.867	5.15	4.983	6.445	6.306	6.463	6.234	6.652	6.429
1-BE	6.031	5.823	8.134	8.021	5.417	5.176	7.024	6.834	6.897	6.530	6.802	6.587
2-BE	6.512	6.241	8.543	8.289	6.016	5.858	7.149	6.952	7.078	6.902	7.127	6.991
Proposed	5.412	5.404	7.996	7.913	4.994	7.801	6.457	6.207	5.540	5.497	6.603	6.482

　　接下来的实验是评价算法的嵌入容量-嵌入失真性能，实验图像是大小为 512×512 的 6 幅图像：Surveyor、Baboon、Airplane、Barbara、Elaine 和 Lake。给定随机变量 EC 和 PSNR，嵌入容量-嵌入失真性能是指在给定 EC 条件下能获得的最高 PSNR。如图 3.13 所示，提出算法的性能曲线位于其他算法曲线之上，即提出算法优于其他算法。这主要是因为，提出的算法用了 HSB 位平面，这使得像素间的相关性增大。虽然 1-PEE 使用了测地线来自适应的组合以增强了局部相似性，但提出的算法在所有情况下的 PSNR 都要高些。算法 1-BE 的优势是处理低 EC，但从图 3.13 中可以看出，提出的算法在低 EC 是也优于 1-BE。而对 EC 较大情况时，提出算法的性能高于其他算法，这是因为，当像素块增大时，基于 PVO 方法的优势没有了。

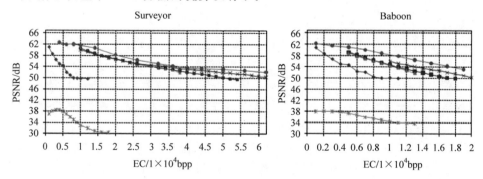

图 3.13　所提算法与算法 1-BE、1-PVO、2-PVO、1-PEE 及 2-BE 的嵌入容量-嵌入
　　　　失真曲线方面的性能

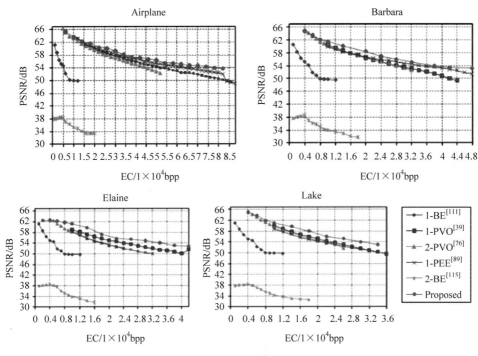

图 3.13 （续）

提出算法与 1-PEE 的详细比较如表 3.3 所示。不同图像其嵌入性能不同，因为嵌入性能依赖于差分强度，而不同图像像素间的相关性不同，其差分强度也就不一样，差分强度可以通过熵来衡量。根据表 3.2 与表 3.3 可知，PSNR 随着熵的减小而增大。例如，用 SBDE 和 1-PEE，图像 Surveyor 的像素对序列熵分别为 5.412 与 5.567，即熵减小了 0.155，而平均 PSNR 增益是 1.07dB。对图像 Airplane 与 Elaine，熵分别减小 0.158 与 1.184，但平均 PSNR 增益分别是 0.475dB 与 3.533dB。显然，熵减小越多，则平均 PSNR 越大。这可以解释为，在图像粗糙区域，相邻像素间的相似性较小，但 HSB 的组合极大地增强了相邻像素间的相似性。

为了更深入的比较，进一步在图像数据库中进行实验，图库中的彩色图像大小为 816×816 像素。实验时先将所有彩色图像转换为灰度图像。表 3.4～表 3.6 列出了这几种算法在嵌入容量分别为 10 000bpp、20 000bpp、40 000bpp 时的 PSNR。与 1-PEE 相比，本算法的平均 PSNR 增益分别是 0.85dB、0.12dB 及 0.14dB。可以看出，当嵌入容量为 10 000bpp 时，所提算法 PSNR 的均值都较

表 3.3　当 EC 分别为 10 000bpp、20 000bpp、30 000bpp 及 40 000bpp

时,所提算法与 1-PEE[89] 对应的 PSNR　　　单位:dB

图　像	算　法	10 000bpp	20 000bpp	30 000bpp	40 000bpp
Surveyor	1-PEE	60	56.8	54.6	53.3
	Proposed	61.6	58.2	55.5	53.7
Baboon	1-PEE	55.9	50.6	—	—
	Proposed	58.2	52.1	—	—
Airplane	1-PEE	63.8	60.4	58.3	56.8
	Proposed	63.6	61	59.3	57.3
Barbara	1-PEE	59.9	56.7	54.7	53.2
	Proposed	61.58	58.5	55.8	53.8
Elaine	1-PEE	58.2	53.2	50.5	—
	Proposed	61.2	56.4	54.9	—
Lake	1-PEE	58.7	54.2	51.3	—
	Proposed	61	56.8	54	—

其他算法高。但当嵌入容量为 20 000bpp 及 40 000bpp 时,SBDE 的平均 PSNR 都较其他算法高更多。由此可见,提出算法对大嵌入容量更具优势。同时,对给定的嵌入容量,具有不同结构或纹理的图像具有不用的性能。例如,当嵌入容量为 10 000bpp 时,测试的 20 幅图像对提出算法的 PSNR 的最大和最小值分别为63.6dB 与 57.6dB,这是因为越光滑的图像其失真越小。

表 3.4　嵌入容量为 10 000bpp 时 6 种算法的性能比较　　　单位:dB

图　像	1	2	3	4	5	6	7	8	9	10
1-BE	50	49.8	49.5	48.9	49	49.1	49.7	50	50.2	49.6
1-PVO	63.7	54.2	59.4	59.6	59.3	59.6	59.7	60	54.6	58.8
2-PVO	63.4	54	59.8	59.7	59.7	59.8	60	60.1	54.3	58
1-PEE	63.8	55.4	60.1	60.8	60.9	60.5	60.3	60.9	56.1	57.7
2-BE	35.3	34.3	34.2	34.1	34.5	34.3	34.4	34.7	34.7	33.6
Proposed	63.6	57.6	60.3	60.3	61.2	60.6	60.4	60.8	58.2	60.7
图　像	11	12	13	14	15	16	17	18	19	20
1-BE	50	50.1	49.7	50	48.8	50.1	49.2	49.8	49	50.3

续表

图像	1	2	3	4	5	6	7	8	9	10
1-PVO	60.4	60.5	59	59.1	59	59.2	60.1	60.1	59.7	60.8
2-PVO	60.5	60.2	58.2	58.3	59.5	58.5	60.1	60.3	59.9	60.7
1-PEE	60.8	61	58.2	58	60.5	58.3	60.6	61	60.4	61.2
2-BE	34.7	34.8	33.9	33.8	34.1	34.1	34.7	34.6	34.6	34.9
Proposed	60.8	60.9	61.2	61.1	60.7	61.4	60.9	61.1	60.6	61

表 3.5 嵌入容量为 20 000bpp 时 6 种算法的性能比较 单位：dB

图像	1	2	3	4	5	6	7	8	9	10
1-BE	41.7	41.8	40.9	41.3	41.4	41.4	41	42	42.4	41.7
1-PVO	54.1	42.8	45.3	48.2	48.4	48.6	45.5	48.7	43.1	49
2-PVO	53.6	42.1	43.1	44.5	44.7	46	43.2	45.3	42.8	46.4
1-PEE	54.4	43.8	45.1	46.5	46.6	46.4	45.2	46.9	44.3	46.6
2-BE	27.4	26.6	27.3	27.6	27.7	—	27.4	27.4	27.2	—
Proposed	54.5	44.1	45.1	46.6	46.8	46.5	45.2	47.1	44.3	46.8

图像	11	12	13	14	15	16	17	18	19	20
1-BE	41.2	41.2	42	41.9	41.1	42.1	41.7	41.4	41.5	41.4
1-PVO	47.5	46.4	49	49.2	48.3	49.3	48.8	47.9	48.6	47.8
2-PVO	44.3	43.8	47.2	46.8	44.5	47.1	46.4	44.1	46.1	44.6
1-PEE	46.3	46.6	47.2	46.9	46.3	47.3	46.5	46.6	46.3	46.7
2-BE	27	27.3	—	—	27.4	—	—	27.1	—	27.2
Proposed	46.5	46.7	47.1	47	46.6	47.4	46.7	46.7	46.4	46.9

表 3.6 嵌入容量为 40 000bpp 时 6 种算法的性能比较 单位：dB

图像	1	2	3	4	5	6	7	8	9	10
1-BE	—	—	—	—	—	—	—	—	—	—
1-PVO	42.9	40.4	39	42.3	42.4	36.5	39.1	41.3	—	36.8
2-PVO	42.2	40.2	39.1	42.5	42.7	35.5	39.4	41.1	—	35.6
1-PEE	43.8	40.7	39.2	43.8	44	35.6	39.3	41.6	—	35.9
2-BE	—	—	—	—	—	—	—	—	—	—
Proposed	43.9	40.9	39.5	44	44.1	35.7	39.3	41.9	—	35.8

图　像	11	12	13	14	15	16	17	18	19	20
1-BE	—	—	—	—	—	—	—	—	—	—
1-PVO	40.5	40.2	37.1	37	42.1	37.3	36.6	42.7	36.5	40.6
2-PVO	40.7	40.6	36.2	36	42.2	36.3	35.6	42.3	35.4	40.8
1-PEE	41	40.9	36.1	36.2	43.8	36.4	35.9	43.9	35.6	41.2
2-BE	—	—	—	—	—	—	—	—	—	—
Proposed	41.1	41.1	36.2	36.4	44	36.5	35.7	44.2	35.8	41.5

为验证本算法的性能优势,由于算法 1-BE 与 2-PVO 不适用于嵌入容量大的环境,图 3.14 只列出了提出算法、1-PVO、1-PEE 及 2-BE,对随机选择的图像库中的 19 幅图像在 EC 为 60 000bpp 时的 PSNR 值。与 1-PEE 相比,本算法的平均 PSNR 提高了 2.02dB。

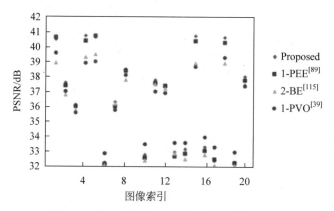

图 3.14　嵌入容量为 60 000bpp 时的性能比较

由于每幅图像的嵌入容量-嵌入失真性能受较多因素影响,不能将表 3.4～表 3.6 中每列数据样本看成相互独立的,故对每幅图像,研究提出算法与 1-BE、2-PVO、1-PVO、1-PEE 及 2-BE 之间的差分。由于实验环境相同,这样的差分样本就相互独立,于是,可用成对 t 检验来验证本算法的嵌入容量-嵌入失真性能。如表 3.4～表 3.6 所示,用 x_i 表示提出算法的嵌入容量-嵌入失真性能,y_i 表示其他 5 种算法的嵌入容量-嵌入失真性能,则每幅图像的嵌入容量-嵌入失真性能可用 (x_i,y_i) 表示。则,本算法与其他 5 种算法的差分 d_i 可按式(3.35)计算:

$$d_i = x_i - y_i \tag{3.35}$$

如表3.7～表3.9所示,这20幅图像的差分就有自己的统计分布特性,于是可将其看成一个 t 检验的样本。故在水平 $\alpha = 0.05(95\%)$ 下的假设为

$$H_0 : \mu_d \leqslant 0, \quad H_1 : \mu_d > 0 \tag{3.36}$$

表 3.7 嵌入容量为 10 000bpp 时所提算法与另外 5 种算法 PSNR 均值的差分

单位: dB

图 像	1-BE	1-PVO	2-PVO	1-PEE	2-BE
1	13.6	−0.1	0.2	−0.2	28.3
2	7.8	3.4	3.6	2.2	23.3
3	10.8	0.9	0.5	0.2	26.1
4	11.4	0.7	0.6	−0.5	26.2
5	12.2	1.9	1.5	0.3	26.7
6	11.5	1	0.8	0.1	26.3
7	10.7	0.7	0.4	0.1	26
8	10.8	0.8	0.7	−0.1	26.1
9	8	3.6	3.9	2.1	23.5
10	11.1	1.9	2.7	3	27.1
11	10.8	0.4	0.3	0	26.1
12	10.8	0.4	0.7	−0.1	26.1
13	11.5	2.2	3	3	27.3
14	11.1	2	2.8	3.1	27.3
15	11.9	1.7	1.2	0.2	26.6
16	11.3	2.2	2.9	3.1	27.3
17	11.7	0.8	0.8	0.3	26.2
18	11.3	1	0.8	0.1	26.5
19	11.6	0.9	0.7	0.2	26
20	10.7	0.2	0.3	−0.2	26.1

表 3.8　嵌入容量为 20 000bpp 时所提算法与另外 5 种算法 PSNR 均值的差分

单位：dB

图　像	1-BE	1-PVO	2-PVO	1-PEE	2-BE
1	12.8	0.4	0.9	0.1	27.1
2	2.3	1.3	2	0.3	17.5
3	4.2	−0.2	2	0	17.8
4	5.3	0.4	2.1	0.1	19
5	5.4	0.4	2.1	0.2	19.1
6	5.1	−0.1	0.5	0.1	—
7	4.2	−0.3	2	0	17.8
8	5.1	−0.1	1.8	0.2	19.7
9	1.9	1.2	1.5	0	17.1
10	5.1	−0.3	0.4	0.2	—
11	5.3	0.4	2.2	0.2	19.5
12	5.5	0.3	2.9	0.1	19.4
13	5.1	−0.1	−0.1	−0.1	—
14	5.1	−0.2	0.2	0.1	—
15	5.5	0.3	2.1	0.3	19.2
16	5.3	0.1	0.3	0.1	—
17	5	−0.1	0.3	0.2	—
18	5.3	0.8	2.6	0.1	19.6
19	4.9	−0.2	0.3	0.1	—
20	5.5	1.1	2.3	0.2	19.7

表 3.9　嵌入容量为 40 000bpp 时所提算法与另外 5 种算法 PSNR 均值的差分

单位：dB

图　像	1-BE	1-PVO	2-PVO	1-PEE	2-BE
1	—	1	1.7	0.1	—
2	—	0.5	0.7	0.2	—
3	—	0.5	0.4	0.3	—

续表

图 像	1-BE	1-PVO	2-PVO	1-PEE	2-BE
4	—	1.7	1.5	0.2	—
5	—	1.7	1.4	0.1	—
6	—	−0.8	0.2	0.1	—
7	—	0.2	−0.1	0	—
8	—	0.6	0.8	0.3	—
9	—	—	—	—	—
10	—	−1	0.2	−0.1	—
11	—	0.6	0.4	0.1	—
12	—	0.9	0.5	0.2	—
13	—	−0.5	0	0.1	—
14	—	−0.6	0.4	0.2	—
15	—	1.9	1.8	0.2	—
16	—	−0.3	0.2	0.1	—
17	—	−0.4	0.1	−0.2	—
18	—	1.5	1.9	0.3	—
19	—	−0.7	0.4	0.2	—
20	—	0.9	0.7	0.3	—

计算结果如表 3.10～表 3.12 所示,其中,$\overline{x}_d$,s_d 分别表示差分样本均值与样本标准差,计算如下:

$$\overline{x}_d = \frac{1}{n}\sum_{i=1}^{20} d_i \tag{3.37}$$

$$s_d = \sqrt{\frac{1}{n-1}\sum_{i=1}^{20}\left(d_i - \overline{x}_d\right)^2} \tag{3.38}$$

表 3.10 嵌入容量为 10 000bpp 时成对 t 检验的计算

指 标	1-BE	1-PVO	2-PVO	1-BE	2-BE
$\overline{x}_d$	11.03	1.33	1.42	0.845	26.26
s_d	1.5938	1.01	1.497	1.73	1.323
t	30.95	5.892	4.241	2.184	88.78

表 3.11　嵌入容量为 20 000bpp 时成对 t 检验的计算

指　　标	1-BE	1-PVO	2-PVO	1-BE	2-BE
$\overline{x}_d$	5.195	0.255	1.42	0.125	19.42
s_d	4.1889	0.255	0.907	0.01	6.152
t	5.5462	4.468	7.002	53.78	14.12

表 3.12　嵌入容量为 40 000bpp 时成对 t 检验的计算

指　　标	1-BE	1-PVO	2-PVO	1-PEE	2-BE
$\overline{x}_d$	—	0.405	0.695	0.142	—
s_d	—	0.855	0.413	0.018	—
t	—	2.12	7.527	35.06	—

查表得 $t_{0.05(19)}=1.729$，而表 3.7～表 3.9 中所有的 t 值均满足 $t>t_{0.05(19)}=$ 1.729，故拒绝假设 $H_0:\mu_d\leqslant0$ 而接受假设 $H_1:\mu_d>0$，这就说明所提算法性能上优于其他 5 种算法。

实际应用中，图像不可避免地会经受一些噪声或无意的攻击，如 JPEG 图像压缩以及图像传输噪声等，故本算法具有一定的稳健性。表 3.13 列出了本算法在经受适当噪声时的性能。实验中载体图像选择 Surveyor，参数 $n=3$，嵌入容量为 1bpp。由于高斯噪声是图像处理过程中出现的最常见噪声，在实验过程中在图像中添加不同标准差的高斯噪声。由表 3.13 可以看出，随着噪声量的增加，隐藏算法的正确提取率逐渐减小。例如，对于方差分别为 1、5 及 10 时，当噪声从 5％增加到 10％时，正确率分别只降低了 0.4％、1.8％及 3.1％。如果标准差小于 1，且噪声小于 5％，算法能正确地提取出隐藏信息。但通常情况下，提出的算法都能成功地提取出大部分的秘密信息。这是因为提出的算法是将信息隐藏在 HSB 平面中，而大多数的噪声只对 LSB 平面有影响，于是算法的稳健性得到了保证。而其他算法如1-PVO 与 1-PEE 在图像传输过程中的噪声使得其丢失较多的隐藏信息。

表 3.13　对不同的高斯噪声的纠错率

均值标准差	(0,1)			(0,5)			(0,10)		
噪声级差	1％	5％	10％	1％	5％	10％	1％	5％	10％
隐秘信息的正确率	100％	100％	99.6％	99.8％	98.3％	96.5％	98.8％	97.7％	94.6％

另外，在实际应用中，每幅图像的最大嵌入容量也是 RDH 算法的一个重要

指标。对不同的算法,表 3.14 列出了从图像中随机选择的 50 幅图像的平均嵌入容量,实验中先将彩色图像转换成灰度图像,然后在将其缩小为 512×512 像素,参数依然是 $n=3$。由表 3.14 可以发现,对于同一幅图像,不同的算法具有不同的嵌入容量,但本算法的嵌入容量最大,而 1-BE 的嵌入容量最小。这说明本算法的嵌入容量较其他算法高,这是因为相邻像素间 HSB 的相关性较大。

表 3.14 使用不同算法后嵌入容量(EC)的平均值

算 法	1-BE	1-PVO	2-BE	1-PEE	2-BE	SBDE
EC/1×10⁴ bpp	1.23	4.62	3.05	4.57	1.7	5.02

为了验证本算法的隐藏信息量,选择了大小为 512×512 像素的载体图像 Surveyor,分别嵌入大小为 64×64 像素、100×100 像素及 128×128 像素的一幅医学放射图像,信息图像及嵌入后的隐秘图像分别如图 3.15(b)~ 图 3.15(d)所示。由图可知,本算法嵌入容量较大,且随着嵌入容量的增加,隐秘图像的嵌入失真也会增加。

(a) 512×512像素的载体图像

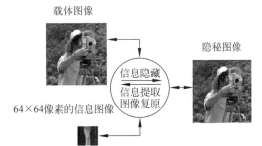

(b) 64×64像素的信息图像及 512×512像素的隐秘图像

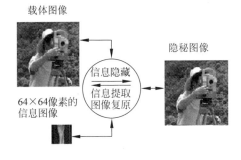

(c) 100×100像素的信息图像及 512×512像素的隐秘图像

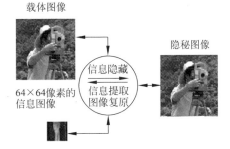

(d) 128×128像素的信息图像及 512×512像素的隐秘图像

图 3.15 不同 EC 的隐秘图像

第 4 章

基于左右平移的大嵌入
容量 RDH 算法

第 3 章主要解决了信息隐藏过程中的稳健性问题,本章将从嵌入容量方面进一步解决信息技术中遇到的问题。进而提出了左右平移的大嵌入容量 RDH模型。首先研究矩形预测误差的分布特点:直方图的最高峰值点也同时是差分零值点,位于原点,其他峰值点以近似对称的形式分布在原点的左右,而其他频率为零值点也近似对称地分布在原点两侧。在此基础上将峰值点向右平移,留下部分空位用于隐藏信息,接着再将峰值点向左平移,再次留下部分空位用于隐藏信息。由于向右移增大像素,而向左移又会减小像素,故两次平移具有一定的综合性,能减小隐秘图像总体的嵌入失真。最后,通过分析可嵌入像素,可以在不增加任何附加信息的情况下有效解决上溢和下溢问题。

4.1 左右平移的大嵌入容量 RDH 的相关研究工作

文献[60]利用峰零值对提出了一种多层信息隐藏方法。

首先讨论单层信息隐藏 HS。如图 4.1 所示,在图像的菱形 PEH 中选择一对峰零值差分点 (p_1, z_1),将直方图中位于 p_1 与 z_1 之间的差分点向 z_1 方向平移 1 位,腾出一个空间位置。扫描像素,当遇到差分等于 p_1 时,将一个二进制秘密信息位 b 嵌入在该位置上。设 $\mathrm{pe}(i,j)$ 与 $\mathrm{pe}'(i,j)$ 分别表示原始可嵌入像

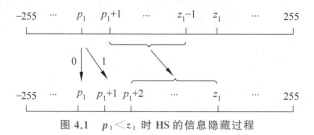

图 4.1 $p_1 < z_1$ 时 HS 的信息隐藏过程

素及其对应的隐秘可嵌入像素。当 $p_1 < z_1$ 时,单层信息隐藏可按式(4.1)进行:

$$pe'(i,j) = \begin{cases} pe(i,j)+1, & pe(i,j) \in [p_1+1, z_1-1] \\ pe(i,j)+b, & pe(i,j) = p_1 \\ pe(i,j), & \text{其他} \end{cases} \tag{4.1}$$

当 $p_1 > z_1$ 时的情况与此式类似。

根据以上单层信息隐藏步骤,当峰零值差分对为多对时就形成了多层信息隐藏方法。图 4.2 所示为一个具有两对峰零值差分的两层信息隐藏的实例。首先,从菱形 PEH 中选择两对峰零值差分,记为

$$\{(p_k, z_k) \mid k \in \{1,2\}, \quad p_1 \neq p_2, z_1 \neq z_2\}$$

接着,用第一对峰零值差分,即 (p_1, z_1),进行第一层的信息隐藏。隐藏后,峰值差分 p_2 平移到了位置 $p_2' = p_2 + 1$。因此,用于第二层信息隐藏的第二个峰值 p_2 应该用 p_2' 来替换,称为“峰值差分漂移”。同样的,还存在着“零值差分漂移”。于是,根据峰零值差分 (p_2', z_2),继续进行第二层的信息隐藏。对多层的信息隐藏过程也类似于两层的信息隐藏过程。

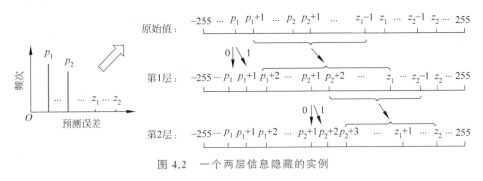

图 4.2 一个两层信息隐藏的实例

4.2 左右平移模型

文献[60]中算法的基本思想是将多个峰值差分点向零值差分点移动,形成多层信息隐藏。为了降低隐秘图像的嵌入失真率,可将峰值差分分别向右和左方向进行平移,对文献[60]的基本思想进行了改进。本节首先介绍提出的左右平移(right left shift,RLS)模型的基本原理;然后给出 RLS 隐藏算法的步骤并给出一个具体的信息隐藏实例;最后介绍 RLS 隐藏算法的信息提取与载体图像复原方法,并给出一个具体信息提取和复原实例。

4.2.1　左右平移模型基本原理

在文献[60]中,首先选择几对峰零值差分对,然后循环使用单层峰零值差分对信息隐藏方法,直至所有差分对都运行完。然而,峰零值差分对的选择比较耗时而且隐秘图像的质量也不能令人满意。为了进一步提高隐秘图像的质量,利用前面的隐秘像素与其相邻像素之间的关系,通过峰零值对分别向右和向左方向的平移,可获得更陡峭的 PEH 和更好的隐秘图像质量。

在选定灰度图像 I 作为载体时,其宽和高分别记为 w 与 h,其像素的取值范围为[0,255]。灰度图像 I 的灰度分布通常比较平缓,如图 4.3(a)所示,嵌入容量较小。为提高嵌入容量,用 PE 来获得陡峭的直方图。对图像 I 中位值为 (i,j) 的像素 $p(i,j)$,用如图 4.4 所示的 3 个相邻像素来预测其值,则该预测值 $p_p(i,j)$ 为

$$p_p(i,j) = \mathrm{fix}\left[\frac{p(i,j+1)+p(i+1,j+1)+p(i+1,j)}{3}\right] \quad (4.2)$$

其中,函数 fix(•)对(•)向 0 方向进行取整,于是像素 $p(i,j)$ 的预测误差 $d(i,j)$ 可由下式得到

$$d(i,j) = p(i,j) - p_p(i,j) \quad (4.3)$$

算法的信息隐藏性能极大地依赖于直方图的陡峭程度。由式(4.3)所得的载体图像的矩形 PE 分布比较陡峭,如图 4.3(b)所示。从图中可以看出矩形预测误差的分布特征:差分零值点是最高直方图峰值,其他峰值近似对称地分布在最大峰值两边,且差分零值也近似对称地分布在最高峰值的两侧。这些零值可用来降低差分的平移,分别用 $z_{ri}(i=1,2,\cdots)$ 与 $z_{li}(i=1,2,\cdots)$ 来表示分布在最大峰值右侧与左侧的零值差分点。例如,图 4.3(b)的图像 Baboon 的零值差分点分别是

$$z_{r1}=83, z_{r2}=86, z_{r3}=87, z_{r4}=88,\cdots$$

及

$$z_{l1}=-78, z_{l2}=-79, z_{l3}=-80, z_{l4}=-81,\cdots$$

为提高隐秘图像的质量,首先将几个峰值向右平移,然后再将其向左平移。设在最大峰值差分零值点的两侧,各选择 t_n 个峰值差分点。图 4.5 所示为 $t_n=2$ 时的信息隐藏过程。由此可得,提出的 RLS 算法的峰值差分点数量可以由式(4.4)得到

$$t_{rm} = 2t_n + 1 \quad (4.4)$$

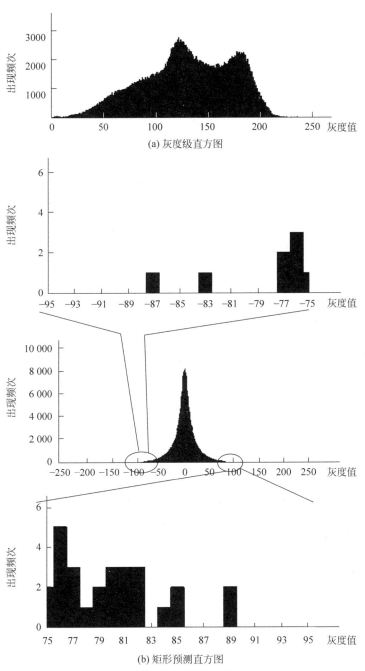

(a) 灰度级直方图

(b) 矩形预测直方图

图 4.3 灰度图像 Baboon 的直方图

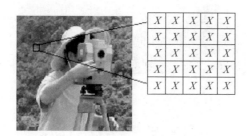

$p(i, j)$	$p(i, j+1)$
$p(i+1, j)$	$p(i+1, j+1)$

(a) 一个5×5的像素块的像素分布   (b) 像素$p(i, j)$的分布

图 4.4　图像 Surveyor 的矩形预测模式

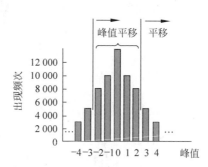

(a) 信息隐藏前

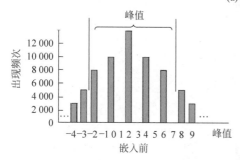

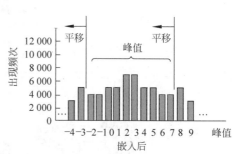

(b) 向右平移

图 4.5　当 $t_n = 2$ 时的 PEH

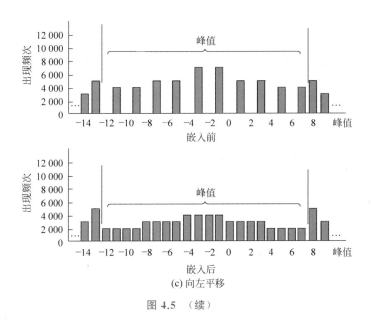

图 4.5 （续）

因此图 4.5 中的峰值差分点数为 $t_{rm}=2\times2+1=5$。首先将选择的这 t_{rm} 个位于 $[-t_n,t_n]$ 的每个峰值差分向右平移 1 位,以腾出 1 位空间来隐藏一个信息位 b_r。为方便计算,平移前先将预测值 $p_{rp}(i,j)$ 向左方向平移 t_n,即

$$p_{rp}(i,j)=p_p(i,j)-t_n \tag{4.5}$$

由式(4.3),此时的预测误差 $d_r(i,j)$ 应为

$$d_r(i,j)=p(i,j)-p_{rp}(i,j)=p(i,j)-p_p(i,j)+t_n=d(i,j)+t_n \tag{4.6}$$

设 $p(i,j)$ 与 $p_{rm}(i,j)$ 分别表示原始像素与对应的向右平移后的隐秘像素,如图 4.5(b)所示,信息隐藏过程为

$$p_{rm}(i,j)=\begin{cases} p(i,j)+t_{rm}-k, & d_r(i,j)>t_{rm}-1, z_{rk}\leqslant d_r(i,j)<z_{rk+1}, k\leqslant t_{rm} \\ p(i,j)+d(i,j)+t_n+b_r, & -t_n\leqslant d_r(i,j)\leqslant t_n \\ p(i,j), & \text{其他} \end{cases} \tag{4.7}$$

将式(4.6)代入式(4.7),得

$$p_{rm}(i,j) = \begin{cases} p(i,j) + t_{rm} - k, & d(i,j) > t_n, z_{rk} \leqslant d(i,j) < z_{rk+1}, k \leqslant t_{rm} \\ p(i,j) + d(i,j) + t_n + b_r, & -t_n \leqslant d(i,j) \leqslant t_n \\ p(i,j), & \text{其他} \end{cases}$$

$$(4.8)$$

向右平移信息隐藏过程如图 4.6 所示,以像素 $p(5,6) = 177$ 为例,由式(4.2)得

$$p_p(5,6) = \text{fix}[(169 + 178 + 181)/3] = 176$$

151	203	173	194	160	187	149	120
111	152	155	162	185	173	170	142
135	138	152	113	154	150	148	117
171	174	200	161	166	162	156	145
186	186	170	166	176	177	169	165
184	159	127	161	196	181	178	183
152	137	141	155	161	171	174	176
161	155	146	156	120	156	169	162

(a) 载体图像Baboon中随机选择一个8×8的像素块

141	208	178	199	150	192	154
101	157	160	167	190	178	175
125	128	142	103	144	140	153
161	164	205	151	156	152	146
191	191	175	156	166	176	159
189	164	117	151	201	186	179
154	127	131	160	166	176	179

(b) $t_n=2$ 时信息隐藏后的隐秘像素

图 4.6 提出算法信息隐藏实例

由式(4.3)得

$$d(5,6) = 177 - 176 = 1$$

由式(4.8),差分满足条件

$$-2 = -t_n \leqslant d(5,6) \leqslant t_n = 2$$

故向右平移信息隐藏后隐秘像素为

$$p_{rm}(5,6) = p(5,6) + d(5,6) + t_n + b_r = 177 + 1 + 2 + 0 = 180$$

其中,秘密信息位 $b_r=0$。

如图 4.5(b)所示,通过以上向右平移过程,选择的峰值差分点数已经变成

$$t_{lm}=2t_{rm} \tag{4.9}$$

例如,向右平移后,图 4.5(b)中的峰值差分点数已经变成了 $t_{lm}=2\times5=10$。由此,像素 $p(i,j)$ 向左平移的预测误差 $d_1(i,j)$ 为

$$d_1(i,j)=p_{rm}(i,j)-p_p(i,j) \tag{4.10}$$

接着,再将这 t_{lm} 个峰值差分中的每个差分都向左平移 1 位,腾出 1 位空间来隐藏 1 位秘密信息位 b_1。为计算方便,向左平移前,先将像素预测值 $p_p(i,j)$ 向右平移 t_{rm}:

$$p_{lp}(i,j)=p_p(i,j)+t_n+t_{rm} \tag{4.11}$$

由式(4.10),预测误差 $d_1'(i,j)$ 为

$$\begin{aligned}
d_1'(i,j)&=p_{rp}(i,j)-p_{lp}(i,j)\\
&=p_{rm}(i,j)-p_p(i,j)-t_n-t_{rm}\\
&=d_1(i,j)-t_n-t_{rm}
\end{aligned} \tag{4.12}$$

设 $p_{lm}(i,j)$ 表示向左平移后的隐秘像素,如图 4.5(c)所示,则有

$$p_{lm}(i,j)=\begin{cases}
p_{rm}(i,j)-t_{lm}+u, & d_1'(i,j)<1-t_{lm},z_{lu+1}\leqslant d_1(i,j)<z_{lu},u\leqslant t_{lm}\\
p_{rm}(i,j)+d_1'(i,j)-b_1, & 1-t_{lm}\leqslant d_1'(i,j)\leqslant0\\
p_{rm}(i,j), & \text{其他}
\end{cases} \tag{4.13}$$

将式(4.12)代入式(4.13),得

$$p_{lm}(i,j)=\begin{cases}
p_{rm}(i,j)-t_{lm}+u, & d_1(i,j)<-t_n,z_{lu+1}\leqslant d_1(i,j)<z_{lu},u\leqslant t_{lm}\\
p_{rm}(i,j)+d_1(i,j)-t_n-t_{rm}-b_1, & -t_n\leqslant d_1(i,j)\leqslant t_n+t_{rm}\\
p_{rm}(i,j), & \text{其他}
\end{cases} \tag{4.14}$$

接着前面的例子看,像素 $p(5,6)$ 向右平移后的隐秘像素为 $p_{rm}(5,6)=180$。式(4.10)得 $d_1(5,6)=180-176=4$,这满足式(4.14)中的条件

$$-2=-t_n\leqslant d_1(5,6)\leqslant t_n+t_{rm}=7$$

因此,向左平移后的隐秘像素为

$$\begin{aligned}
p_{lm}(5,6)&=p_{rm}(5,6)+d_1(5,6)-t_n-t_{rm}-b_1\\
&=180+4-2-5-1=176
\end{aligned}$$

其中,秘密信息位为 $b_1=1$。由图 4.5,载体图像 I 的嵌入容量为

$$EC = 2 \sum_{k=-t_n}^{t_n} h(d_k) \tag{4.15}$$

其中,$h(d_k)$表示

$$h(d_k) = \#\{i \in [1,h], j \in [1,w]:d(i,j)=k\} \tag{4.16}$$

为计算隐秘图像的最优失真 D,设实际应用中的 EC 满足

$$2 \sum_{k=-t_n}^{t_n} h(d_k) < EC \leqslant 2 \sum_{k=-t_n+1}^{t_{n+1}} h(d_k) \tag{4.17}$$

而用于隐藏信息的 $d_k = \pm t_{n+1}$ 为

$$t_d = \frac{EC - 2 \sum_{k=-t_n}^{t_n} h(d_k)}{2} = \frac{EC}{2} - \sum_{k=-t_n}^{t_n} h(d_k) \tag{4.18}$$

由于峰值差分以近似对称的形式分布在最大峰值差分两侧,为确保信息能完全地隐藏在载体图像中,给定一个用于增加 t_d 的阈值 t_a,t_d 由式(4.19)得

$$t_d = \frac{EC}{2} - \sum_{k=-t_n}^{t_n} h(d_k) + t_a \tag{4.19}$$

对灰度图像,其像素灰度必定在[0,255]内。由式(4.8)及式(4.14)可知,最终的隐秘像素 $p_{lm}(i,j)$ 可能已经被修改。因此,信息隐藏在载体图像后,可能会出现上溢或下溢问题。为解决此问题,最终的隐秘像素 $p_{lm}(i,j)$ 需要按式(4.20)调整。

$$p_{lm}(i,j) = \begin{cases} p_{lm}(i,j) - 255, & p_{lm}(i,j) > 255 \\ p_{lm}(i,j) + 255, & p_{lm}(i,j) < 0 \end{cases} \tag{4.20}$$

信息提取和图像复原过程是上述信息隐藏的逆过程。当接收到隐秘图像 I_m 后,扫描可得其任意像素 $p_{lm}(i,j)$,用式(4.2)可计算出该像素的预测值 $p_p(i,j)$,因此,隐秘预测误差为

$$d_m(i,j) = p_{lm}(i,j) - p_p(i,j) \tag{4.21}$$

值得注意的是,用于参加计算预测值 $p_p(i,j)$ 的像素 $p_p(i,j+1)$、$p_p(i+1,j+1)$ 及 $p_p(i+1,j)$ 在信息隐藏过程中已经被修改,然而在信息隐藏过程中,隐秘图像的最后 3 个 $p_p(i,j+1)$、$p_p(i+1,j+1)$ 及 $p_p(i+1,j)$ 像素并没有被修改,于是在信息提取和图像复原过程中对隐秘图像的扫描顺序与隐藏过程中对载体图像的扫描顺序刚好相反,这样就能保证在每次计算预测值 $p_p(i,j)$ 时所用的 $p_p(i,j+1)$、$p_p(i+1,j+1)$ 及 $p_p(i+1,j)$ 已经正确复原。

为避免出现上溢或下溢问题,式(4.20)已经对极个别的隐秘像素进行了修改,为此,必须在提取和复原过程中先将这些极个别的修改了的隐秘像素进行修正。如图 4.5(b)所示,当右移过程中发生上溢时,通过将式(4.3)代入式(4.8)中,可得

$$p_{rm}(i,j) - p_p(i,j) = \begin{cases} d(i,j) + t_{rm} - k, & d(i,j) > t_n, z_{rk} \leqslant d(i,j) < z_{rk+1}, k \leqslant t_{rm} \\ d(i,j) + d(i,j) + t_n + b_r, & -t_n \leqslant d(i,j) \leqslant t_n \\ d(i,j), & \text{其他} \end{cases}$$

$$(4.22)$$

因此,由式(4.21)预测误差必定满足

$$0 \leqslant d_m(i,j) \leqslant t_{rm} \qquad (4.23)$$

由式(4.20),当出现上溢时,必须减去 255,此时的预测误差必定满足

$$0 \leqslant d_m(i,j) + 255 \leqslant t_{rm} \qquad (4.24)$$

同样的,将式(4.10)和式(4.3)代入式(4.14)中,得

$$p_{lm}(i,j) - p_p(i,j) = \begin{cases} d_1(i,j) - t_{lm} + u, & d_1(i,j) < -t_n, z_{lu+1} \leqslant d_1(i,j) < z_{lu}, u \leqslant t_{lm} \\ d_1(i,j) + d_1(i,j) - t_n - t_{rm} + b_1, & -t_n \leqslant d(i,j) \leqslant t_n + t_{rm} \\ d_1(i,j), & \text{其他} \end{cases}$$

$$(4.25)$$

因此,根据式(4.21),预测误差必定满足

$$-t_{lm} \leqslant d_m(i,j) \leqslant 0 \qquad (4.26)$$

根据式(4.20),当出现下溢时,必须将隐秘像素加上 255,即预测误差必定满足

$$-t_{lm} \leqslant d_m(i,j) - 255 \leqslant 0 \qquad (4.27)$$

因此,在信息提取和图像复原之前,为了避免出现上溢或下溢问题,必须按式(4.28)复原已经被修改了的极个别的隐秘像素:

$$p_{lm}(i,j) = \begin{cases} p_{lm}(i,j) - 255, & -t_{lm} \leqslant d_m(i,j) - 255 \leqslant 0 \\ p_{lm}(i,j) + 255, & 0 \leqslant d_m(i,j) + 255 \leqslant t_{rm} \end{cases} \qquad (4.28)$$

将式(4.12)代入式(4.13)中,得

$$p_{ln}(i,j) = \begin{cases} p_p(i,j) + t_n + t_{rm} + d_1'(i,j) - t_{lm} + u, & d_1'(i,j) < 1 - t_{lm}, z_{lu+1} \leqslant d_1(i,j) < z_{lu}, u \leqslant t_{lm} \\ p_p(i,j) + t_n + t_{rm} + 2 \times d_1'(i,j) - b_1, & 1 - t_{lm} \leqslant d_1'(i,j) \leqslant 0 \\ p_p(i,j) + t_n + t_{rm} + d_1'(i,j), & \text{其他} \end{cases}$$

$$(4.29)$$

根据式(4.21),按式(4.30)复原预测误差 $d_1'(i,j)$ 并同时提取出秘密信息 b_1:

$$d_1'(i,j) = \begin{cases} d_m(i,j) - t_n + t_{rm} - u, & d_m(i,j) < -t_n - t_{lm}, z_{lu+1} \leqslant d_m(i,j) < z_{lu}, u \leqslant t_{lm} \\ \text{fix}\left(\dfrac{d_m(i,j) - t_n - t_{rm}}{2}\right), & -t_n - t_{lm} \leqslant d_m(i,j) \leqslant t_n + t_{rm} \\ d_m(i,j) - t_n - t_{rm}, & \text{其他} \end{cases}$$

$$(4.30)$$

$$b_1 = \begin{cases} \text{mod}\left(\dfrac{d_m(i,j) - t_n - t_{rm}}{2}\right), & -t_n - t_{lm} \leqslant d_m(i,j) \leqslant t_n + t_{rm} \\ \varnothing, & \text{其他} \end{cases}$$

$$(4.31)$$

其中,函数 $\text{mod}(A/B)$ 表示整数 A 除以整数 B 后的余数,$\varnothing$ 表示没有信息可提取。将式(4.12)代入式(4.30),得

$$d_1(i,j) = \begin{cases} d_m(i,j) + t_{lm} - u, & d_m(i,j) < -t_n - t_{lm}, z_{lu+1} \leqslant d_m(i,j) < z_{lu}, u \leqslant t_{lm} \\ \text{fix}\left(\dfrac{d_m(i,j) - t_n - t_{rm}}{2}\right) + t_n + t_{rm}, & -t_n - t_{lm} \leqslant d_m(i,j) \leqslant t_n + t_{rm} \\ d_m(i,j), & \text{其他} \end{cases}$$

$$(4.32)$$

将式(4.32)代入式(4.10),可得隐秘像素 $p_{rm}(i,j)$:

$$p_{rm}(i,j) = \begin{cases} p_p(i,j) + d_m(i,j) + t_{lm} - u, & d_1'(i,j) < 1 - t_{lm}, z_{lu+1} \leqslant d_1(i,j) < z_{lu}, u \leqslant t_{lm} \\ p_p(i,j) + \text{fix}\left(\dfrac{d_m(i,j) - t_n - t_{rm}}{2}\right) + t_n + t_{rm}, & -t_n - t_{lm} \leqslant d_m(i,j) \leqslant t_n + t_{rm} \\ p_p(i,j) + d_m(i,j), & \text{其他} \end{cases}$$

$$(4.33)$$

如图 4.6 所示,以隐秘像素 $p_{lm}(5,6) = 176$ 为例,根据式(4.2)得 $p_p(5,6) = 176$,由式(4.21)得

$$d_m(5,6) = 176 - 176 = 0$$

由式(4.28)可知,没出现上溢和下溢问题,因此 $p_{lm}(5,6) = 176$ 不用修改。再根据式(4.32)、式(4.33)及式(4.31),$d_m(5,6) = 0$ 满足条件

$$-12 = -t_n - t_{lm} \leqslant d_m(5,6) \leqslant t_n + t_{rm} = 7$$

因此,可复原出预测误差

$$d_1(5,6) = \text{fix}\left[(d_m(5,6) - 2 - 5)/2\right] + 2 + 5 = 4$$

以及能复原出向右平移后的隐秘像素

$$p_{rm}(5,6) = p_p(5,6) + \text{fix}\left[(d_m(5,6) - 2 - 5)/2\right] + 2 + 5 = 180$$

并同时提取出 1 位信息为

$$b_1 = \mathrm{mod}\{[d_m(5,6) - 2 - 5]/2\} = 1$$

将式(4.6)代入式(4.7),得

$$p_{rm}(i,j) = \begin{cases} p_p(i,j) + d_r(i,j) - t_n + t_{rm} - k, & d_r(i,j) < t_{rm} - 1, z_{rk} \leqslant d_r(i,j) < z_{rk+1}, k \leqslant t_{rm} \\ p_p(i,j) - t_n + 2d_r(i,j) + b_r, & 0 \leqslant d_r(i,j) \leqslant t_{rm} - 1 \\ p_p(i,j) + d_r(i,j) - t_n, & \text{其他} \end{cases}$$

(4.34)

于是,根据式(4.10),通过以下两式可复原预测误差 $d_r(i,j)$ 并能提取出秘密信息 b_r:

$$d_r(i,j) = \begin{cases} d_1(i,j) + t_n - t_{rm} + k, & d_1(i,j) > t_n + t_{rm}, z_{rk} \leqslant d_r(i,j) < z_{rk+1}, k \leqslant t_{rm} \\ \mathrm{fix}\left(\dfrac{d_1(i,j) + t_n}{2}\right), & -t_n \leqslant d_1(i,j) \leqslant t_n + t_{rm} \\ d_1(i,j) + t_n, & \text{其他} \end{cases}$$

(4.35)

$$b_r(i,j) = \begin{cases} \mathrm{mod}\left(\dfrac{d_1(i,j) + t_n}{2}\right), & -t_n \leqslant d_1(i,j) \leqslant t_n + t_{rm} \\ \varnothing, & \text{其他} \end{cases}$$

(4.36)

将式(4.6)代入式(4.35)得

$$d(i,j) = \begin{cases} d_1(i,j) - t_{rm} + k, & d_1(i,j) > t_n + t_{rm}, z_{rk} \leqslant d_r(i,j) < z_{rk+1}, k \leqslant t_{rm} \\ \mathrm{fix}\left(\dfrac{d_1(i,j) + t_n}{2}\right) - t_n, & -t_n \leqslant d_1(i,j) \leqslant t_n + t_{rm} \\ d_1(i,j), & \text{其他} \end{cases}$$

(4.37)

将式(4.37)代入式(4.3),则可将像素 $p(i,j)$ 复原

$$p(i,j) = \begin{cases} p_p(i,j) + d_1(i,j) - t_{rm} + k, & d_1(i,j) > t_n + t_{rm}, z_{rk} \leqslant d(i,j) < z_{rk+1}, k \leqslant t_{rm} \\ p_p(i,j) + \mathrm{fix}\left(\dfrac{d_1(i,j) + t_n}{2}\right) - t_n, & -t_n \leqslant d_1(i,j) \leqslant t_n + t_{rm} \\ p_p(i,j) + d_1(i,j), & \text{其他} \end{cases}$$

(4.38)

由上例可知,$d_1(5,6) = 4$,则其满足式(4.37)~式(4.38)的条件

$$-2 = -t_n \leqslant d_1(5,6) \leqslant t_n + t_{rm} = 7$$

故可由式(4.37)得到预测误差

$$d(5,6) = \text{fix}\{[d_1(5,6) + t_n]/2\} - t_n = \text{fix}[(4+2)/2] - 2 = 1$$

由式(4.38)得到原始载体像素

$$p(5,6) = p_p(5,6) + \text{fix}\{[d_1(5,6) + t_n]/2\} - t_n = 176 + \text{fix}[(4+2)/2] - 2 = 177$$

由式(4.36)提取出秘密信息

$$b_r = \text{mod}\{[d_1(5,6) + t_n]/2\} = \text{mod}[(4+2)/2] = 0$$

4.2.2　左右平移信息隐藏算法

根据以上讨论,给定一幅载体灰度图像 I、阈值 t_a 以及嵌入容量 EC 的待隐藏的二进制秘密信息,可按算法 4.1 的步骤将这些信息隐藏在载体图像中。

Algorithm 4.1 【算法 4.1】 *embedding process*

Begin

Step 1　With the raster scan order, the rectangle prediction value $p_p(i,j)$ of each pixel $p(i,j)$ in the cover image I is calculated with Eq. (4.5).

Step 2　The prediction error $d(i,j)$ of pixel $p(i,j)$ is calculated with Eq.(4.6). And the rectangle predictive error histogram is obtained.

Step 3　According to the histogram and Eq. (4.17), t_n can be calculated.

Step 4　t_d can be calculated with Eq.(4.18), and it must be sent to the receiver.

Step 5　In the following steps, for the t_d front pixels, the embedding process uses parameter t_{n+1}, for the other pixels, the embedding process uses parameter t_n.

Step 6　Then, each pixel $p(i,j)$ in the cover image is scanned in the same order. By the right shift of the rectangle prediction errors, one bit of secret message may be embedded with Eq. (4.8). Accordingly, the marked pixel $p_{rm}(i,j)$ is obtained.

Step 7　Next, the prediction error $d_1(i,j)$ of pixel $p(i,j)$ can be calculated with Eq.(4.10).

Step 8　By the left shift of the rectangle prediction errors, another bit of secret message may be embedded with Eq. (4.14). Accordingly, the marked pixel $p_{lm}(i,j)$ is obtained.

Step 9　To resolve the possible issue, the final marked pixel $p'_{lm}(i,j)$ must be adjusted with Eq. (4.20).

Step 10　It continues to execute the Step 1.6 to Step 1.9 until all the pixels have been disposed.

End

最后,将隐秘图像 I_m、t_n、t_d、z_{rk}、z_{uk}、z_{ork}、z_{olu}($k=1,2,\cdots;u=1,2,\cdots$)及 t_a 发送给接收者即可。

为了便于理解,举例说明 RLS 信息隐藏过程。此处,设定参数 $t_n=2$。为简单起见,随机地从载体灰度图像 Baboon 中选择了一个 8×8 的像素块作为信息隐藏实例,如图 4.6(a)所示。图 4.3(b)表明 z_{rk}($k=1,2,\cdots,5$)分别是 83、86、87、88、89,而 z_{lu}($u=1,2,\cdots,9$)分别为 -78、-79、-80、-81、-82、-84、-85、-86、-88、-89。下面给出 3 个信息隐藏实例。而整个的实例如图 4.6(b)所示。

以像素 $p(1,1)=151$ 为例,由式(4.2)得
$$p_p(1,1)=\text{fix}[(203+152+111)/3]=155$$
由式(4.3)得 $d(1,1)=151-155=-4$,根据式(4.8),差分满足条件
$$d(1,1)<-t_n=-2$$
故向右平移 1 位后的隐秘像素为
$$p_{rm}(1,1)=p(1,1)=151$$
由式(4.10)得到差分
$$d_1(1,1)=151-155=-4$$
满足式(4.14)中的条件
$$d_1(1,1)<-t_n=-2$$
故向左平移后的隐秘像素为
$$p_{lm}(1,1)=p_{rm}(1,1)-t_{lm}+u=151-10+0=141$$
再以像素 $p(1,7)=149$ 为例,由式(4.2)得
$$p_p(1,7)=\text{fix}[(120+142+170)/3]=144$$
由式(4.3)得
$$d(1,7)=149-144=5$$
根据式(4.8),差分满足条件
$$d(1,7)>t_n=2,d(1,7)<z_{r1}=83$$
故向右平移 1 位后的隐秘像素为
$$p_{rm}(1,7)=p(1,7)+t_{rm}-k=149+5-0=154$$
由式(4.10)得到差分
$$d_1(1,7)=154-144=10$$
满足式(4.14)中的条件
$$d_1(1,7)>t_n+t_{rm}=7$$
故向左平移后的隐秘像素为

$$p_{\text{lm}}(1,7) = p_{\text{rm}}(1,7) = 154$$

再以像素 $p(5,6) = 177$ 为例，由式（4.2）得

$$p_p(5,6) = \text{fix}[(169 + 178 + 181)/3] = 176$$

由式（4.3）得

$$d(5,6) = 177 - 176 = 1$$

根据式（4.8），差分满足条件

$$-2 = -t_n \leqslant d(5,6) \leqslant t_n = 2$$

故向右平移 1 位后的隐秘像素为

$$p_{\text{rm}}(5,6) = p(5,6) + d(5,6) + t_n + b_r = 177 + 1 + 2 + 0 = 180$$

其中，信息位 $b_r = 0$。接着，由式（4.10）得到差分

$$d_1(5,6) = 180 - 176 = 4$$

满足式（4.14）中的条件

$$-2 = -t_n \leqslant d_1(5,6) \leqslant t_n + t_{\text{rm}} = 7$$

故向左平移后的隐秘像素为

$$p_{\text{lm}}(5,6) = p_{\text{rm}}(5,6) + d_1(5,6) - t_n - t_{\text{rm}} - b_1$$
$$= 180 + 4 - 2 - 5 - 1 = 176$$

其中，信息位 $b_1 = 1$。

4.2.3　左右平移信息提取与图像复原算法

根据接收到的隐秘图像 I_m、t_n、t_d、z_{rk}、z_{uk}、z_{ork}、z_{olu}（$k = 1, 2, \cdots, u = 1, 2, \cdots$）及 t_a，接收者就可按算法 4.2 的步骤将这些信息从隐秘图像中提取出来，并同时无损地复原载体图像：

【算法 4.2】

Algorithm 4.2　*extracting process*

　　Begin

　　Step 1　*Withthereverseraster scan order，the rectangle prediction value* $p_p(i,j)$ *of each pixel* $p(i,j)$ *in the stego-image* I_m *is calculated with Eq. (4.2).*

　　Step 2　*The prediction error* $d_m(i,j)$ *of pixel* $p(i,j)$ *can be calculated with Eq. (4.21).*

　　Step 3　*To avoid the possible overflow or underflow issue，the marked pixel is with Eq.(4.28).*

　　Step 4　*he prediction error* $d_1(i,j)$ *and marked pixel* $p_{\text{rm}}(i,j)$ *are recovered and the embedded secret data* b_1 *is extracted with Eq.（4.32），（4.33）and（4.31），respectively.*

Step 5 *Then, the predictive error $d(i,j)$, original pixel $p(i,j)$ is recovered and the embedded secret data b_r is extracted with Eq. (4.37), (4.38) and (4.36), respectively.*

Step 6 *It continues to execute the Step 1 to Step 5 until all the pixels at the first line and the first column have been disposed.*

End

同样地,为了便于理解的 RLS 算法的提取与复原过程,用图 4.6(b)所示 3 个例子来举例说明。值得注意的是,参数的设置与上例相同:$t_n=2$,z_{rk}($k=1,2,\cdots,5$),分别是 83、86、87、88、89,而 z_{1u}($u=1,2,\cdots,9$)分别为 -78、-79、-80、-81、-82、-84、-85、-86、-88、-89。复原后的结果如图 4.6(a)所示。

以像素 $p_{lm}(1,1)=141$ 为例,由式(4.2)得像素预测值 $p_p(1,1)=155$,由式(4.21)得预测误差 $d_m(1,1)=141-15-14=112$。需要注意的是,用于计算像素 $p(1,1)$预测值的像素 $p(1,2)$、$p(2,2)$、$p(2,1)$在计算 $p(1,1)$时已经被正确复原出来。根据 $d_m(1,1)$的值及式(4.28)可知,此时没有发生上溢或下溢,故无须修正像素 $p_{lm}(1,1)$。由式(4.32)~式(4.31)可知,$d_m(1,1)$满足条件

$$d_m(1,1)<-t_n-t_{lm}=-2-10=-12 \text{ 且 } d_m(1,1)<z_{11}$$

故预测误差

$$d_1(1,1)=d_m(1,1)+t_{lm}-u=-14+10-0=-4$$

向右平移 1 位后的隐秘像素为

$$p_{rm}(1,1)=p_p(1,1)+d_m(1,1)+t_{lm}-u=155-14+10-0=151$$

提取出的 1 位秘密信息 $b_1=\varnothing$,即无信息可提取。接着,式(4.37)~式(4.36)可知,$d_1(1,1)$满足条件 $d_1(1,1)<-t_n=-2$,故预测误差 $d(1,1)=d_1(1,1)=-4$,原始载体图像像素

$$p(1,1)=p_p(1,1)+d_1(1,1)=155-4=151$$

提取出的 1 位秘密信息 $b_r=\varnothing$,即无信息可提取。

再以像素 $p_{lm}(1,7)=154$ 为例,由式(4.2)得像素预测值 $p_p(1,7)=144$,由式(4.21)得预测误差

$$d_m(1,1)=154-144=10$$

需要注意的是,用于计算像素 $p(1,7)$预测值的像素 $p(1,8)$、$p(2,8)$、$p(2,7)$在计算 $p(1,7)$时已经被正确复原出来。根据 $d_m(1,7)$的值及式(4.28)可知,此时没有出现上溢或下溢问题,故无须修正像素 $p_{lm}(1,7)$。由式(4.31)和式(4.32)可知,$d_m(1,7)$满足条件

$$d_m(1,7) > t_n + t_{rm} = 2 + 5 = 7 \quad 且 \quad d_m(1,1) < z_{l1}$$

故预测误差 $d_1(1,7) = d_m(1,7) = 10$,向右平移 1 位后的隐秘像素

$$p_{rm}(1,7) = p_p(1,7) + d_m(1,7) = 144 + 10 = 154$$

提取出的 1 位秘密信息 $b_1 = \varnothing$,即无信息可提取。接着,由式(4.36)~式(4.38)可知,$d_1(1,7)$ 满足条件

$$d_1(1,7) > t_n + t_{rm} = 2 + 5 = 7 \quad 且 \quad d_1(1,7) < z_{r1}$$

故预测误差

$$d(1,7) = d_1(1,7) - t_{rm} = 10 - 5 = 5$$

原始载体图像像素

$$p(1,7) = p_p(1,7) + d_1(1,7) - t_{rm} = 144 + 10 - 5 = 149$$

提取出的 1 位秘密信息 $b_r = \varnothing$,即无信息可提取。

再以像素 $p_{lm}(5,6) = 176$ 为例,由式(4.2)得像素预测值 $p_p(5,6) = 176$,由式(4.21)得预测误差

$$d_m(5,6) = 176 - 176 = 0$$

需要注意的是,用于计算像素 $p(5,6)$ 预测值的像素 $p(5,7)$、$p(6,7)$、$p(6,6)$ 在计算 $p(5,6)$ 时已经被正确复原出来。根据 $d_m(5,6)$ 的值及式(4.28)可知,此时没有出现上溢或下溢问题,故无须修正像素 $p_{lm}(5,6)$。由式(4.31)和式(4.32)可知,$d_m(5,6)$ 满足条件

$$-12 = -t_n - t_{lm} \leqslant d_m(5,6) \leqslant t_n + t_{rm} = 2 + 5 = 7$$

故预测误差

$$d_1(5,6) = \text{fix}\{[d_m(5,6) - 2 - 5]/2\} + 2 + 5 = 4$$

向右平移 1 位后的隐秘像素

$$p_{rm}(5,6) = p_p(5,6) + \text{fix}\{[d_m(5,6) - 2 - 5]/2\} + 2 + 5 = 180$$

提取出的 1 位隐秘信息

$$b_1 = \text{mod}\{[d_m(5,6) - 2 - 5]/2\} = 1$$

接着,由式(4.36)~式(4.38)可知,$d_1(5,6)$ 满足条件

$$-4 = -t_n \leqslant d_1(5,6) \leqslant t_n + t_{rm} = 7$$

故预测误差

$$d(5,6) = \text{fix}\{[d_m(5,6) + t_n]/2\} - t_n = \text{fix}[(4+2)/2] - 2 = 1$$

原始载体图像像素

$$p(5,6) = p_p(5,6) + \text{fix}\{[d_m(5,6) + t_n]/2\} - t_n$$
$$= 176 + \text{fix}[(4+2)/2] - 2 = 177$$

提取出的 1 位隐秘信息

$$b_r = \mathrm{mod}\{[d_m(5,6)+t_n]/2\} = \mathrm{mod}[(4+2)/2] = 0$$

4.3 算法的实验设计与分析

为了评价提出的 RLS 算法的性能,实验测试的图像是从大小为 512×512 像素的 8 幅标准图像(Surveyor、Peppers、Baboon、Barbara、Chimney、Bird、House 和 Village)、放射图像库中的大小为 180×180 像素的 108 幅图像以及 10 000 幅图像库中的大小为 816×816 像素的 109 幅图像中随机选择。硬件环境是 CPU 为 Intel i3 主频为 2.2GHz 且内存为 6GB 的计算机。实验所用秘密信息是由伪随机数生成器产生的二进制随机数。为验证 RLS 算法的优越性能,将其与较先进的几个算法[26,59-60,69,109]进行比较。

4.3.1 有限载荷信息隐藏及评价指标

为评价隐秘图像质量,定义失真 D 为

$$D = \sum_{i=1}^{H-1}\sum_{j=1}^{W-1}[p_{lm}(i,j)-p(i,j)]^2 \tag{4.39}$$

其中,H 和 W 分别表示隐秘图像的高和宽。通常,在具体的实际应用中,嵌入容量 EC 是有限的。于是,可以将有限的嵌入容量看作一个如下最优化问题:

$$\begin{cases} \min m = D \\ \text{s.t. } 2\sum_{k=-t_n}^{t_n}h(d_k) \geqslant \text{EC} \end{cases} \tag{4.40}$$

这表示,对于给定的嵌入容量 EC,计算隐秘图像的最小嵌入失真。由式(4.4)与式(4.9)可知,t_n 的值越小,则 t_{rm} 与 t_{lm} 的值也越小。另外,由式(4.8)与式(4.14)得,t_{rm} 与 t_{lm} 的值越小,则隐秘像素 $p_{rm}(i,j)$ 与 $p_{lm}(i,j)$ 值的变化也越小。因此,为获得最小的隐秘图像嵌入失真,根据式(4.40)的约束条件 $2\sum_{k=-t_n}^{t_n}h(d_k)\geqslant$ EC 可知,应该选择最小的 t_n,下部分将证明这一点。

然而,实际应用中,通常都是使用 PSNR 来衡量隐秘图像的质量,由式(2.40),首先定义隐秘图像的 MSE 为

$$\text{MSE} = \frac{D}{HW} = \frac{1}{HW}\sum_{i=1}^{H-1}\sum_{j=1}^{W-1}[p_{lm}(i,j)-p(i,j)]^2 \tag{4.41}$$

于是,PSNR 可由式(2.41)得

$$PSNR = 10 \lg \frac{255^2}{MSE} \tag{4.42}$$

PSNR 表示隐秘图像 I_m 与原始载体图像 I 的相似度,PSNR 越大,则两幅图像的相似度越高,即隐秘图像的嵌入失真越小。

4.3.2　阈值 t_n 及其上溢和下溢问题的处理

由式(4.15)、图 4.3(b)与图 4.5(a)可知,EC 与 t_n 密切相关,而 t_n 确定了矩形误差预测直方图的峰值数量。对给定的预测直方图,t_n 越大则 EC 越大,但同时隐秘图像的质量也越差。为确定最好的参数 t_n,在 8 幅标准图像(Surveyor、Pepper、Baboon、Barbara、Chimney、Bird、House 和 Village)及 109 幅图像中随机选择 10 幅图像进行实验,分析 EC 与隐秘图像质量同参数 t_n 的关系。实验结果如表 4.1 所示,EC 随着 t_n 的增加而增加,而隐秘图像质量则随着 t_n 的增加而减小,即 t_n 越小,隐秘图像的质量越好。因此,在满足 $2\sum_{k=-t_n}^{t_n} h(d_k) \geqslant EC$ 的条件下,应尽可能选择最小的 t_n。例如,当 EC<1.0bpp 时,选择 $t_n = 0$ 就能获得高质量的隐秘图像。对大多数的应用来说,$t_n \leqslant 10$ 就已经足够。虽然继续增加 t_n 会获得更高的 EC,但会降低隐秘图像的质量。当 $t_n = 10$ 时,表 4.1 中的评价 EC 已经达到 3.27bpp,对大多数的应用已经足够了。同时,表中,当 t_n 从 0 增加到 10 时,EC 的平均增加分别是 1.3bpp、0.62bpp、0.34bpp 及 0.15bpp,而 PSNR 则从 47.8dB 降到了 22.7dB,即随着 t_n 的增加,EC 的增加越来越小,隐秘图像的质量越来越低,当 $t_n > 10$ 时,EC 的增加不再明显,但 PSNR 开始不容忽视了。根据式(4.8),如图 4.5(b)所示向右平移后的隐秘像素 $p_{rm}(i,j)$ 满足:

$$p(i,j) \leqslant p_{rm}(i,j) \leqslant p(i,j) + t_{rm} \tag{4.43}$$

表 4.1　EC 与隐秘图像质量 PSNR 同参数 t_n 的关系

图　像	$t_n=0$		$t_n=2$		$t_n=4$		$t_n=6$		$t_n=8$		$t_n=10$	
	EC/bpp	PSNR/dB	EC/bpp	PSNR/dB	EC/bpp	PSNR/dB	EC/bpp	PSNR/dB	EC/bpp	PSNR/dB	EC/bpp	PSNR/dB
Surveyor	0.41	47.9	1.54	32.0	2.58	27.7	3.02	25.3	3.29	23.7	3.45	22.5
Bird	0.59	47.8	2.28	32.7	3.01	28.7	3.34	26.5	3.52	24.9	3.63	23.6
007	0.61	47.8	2.14	32.6	2.68	28.3	2.94	25.7	3.12	23.9	3.25	22.5

图　像	$t_n=0$		$t_n=2$		$t_n=4$		$t_n=6$		$t_n=8$		$t_n=10$	
	EC /bpp	PSNR /dB	EC /bpp	PSNR /dB	EC /bpp	PSNR /dB	EC /bpp	PSNR /dB	EC /bpp	PSNR /dB	EC /bpp	PSNR /dB
017	0.55	47.8	1.93	32.4	2.46	27.9	2.73	25.3	2.92	23.4	3.05	22.0
031	0.94	47.8	2.20	33.2	2.70	28.8	3.03	26.3	3.24	24.6	3.40	23.3
044	0.50	47.9	1.53	32.2	2.08	27.5	2.45	24.8	2.70	23.0	2.88	21.6
055	0.40	47.9	1.75	32.2	2.59	28.1	3.07	25.9	3.34	24.4	3.51	23.3
072	0.44	47.9	1.42	31.8	2.00	27.1	2.38	24.4	2.65	22.5	2.84	21.1
089	0.99	47.7	2.12	32.8	2.61	28.3	2.92	25.6	3.12	23.8	3.25	22.4
099	1.02	47.6	2.51	33.4	2.94	29.3	3.19	27.0	3.35	25.4	3.47	24.2

同样的,根据式(4.14),如图 4.5(c)所示向左平移后的隐秘像素 $p_{\mathrm{lm}}(i,j)$ 满足

$$p_{\mathrm{rm}}(i,j) - t_{\mathrm{lm}} \leqslant p_{\mathrm{lm}}(i,j) \leqslant p_{\mathrm{rm}}(i,j) \tag{4.44}$$

将式(4.43)代入式(4.44),最终的隐秘像素 $p_{\mathrm{lm}}(i,j)$ 满足

$$p(i,j) - t_{\mathrm{lm}} \leqslant p_{\mathrm{lm}}(i,j) \leqslant p(i,j) + t_{\mathrm{rm}} \tag{4.45}$$

由于 t_n 同时小于10,根据式(4.4)与式(4.9)有 $t_{\mathrm{rm}}<21$、$t_{\mathrm{lm}}<42$,将其代入式(4.45)得

$$p(i,j) - 42 \leqslant p_{\mathrm{lm}}(i,j) \leqslant p(i,j) + 21 \tag{4.46}$$

由于 $p(i,j) \in [0,255]$,故由式(4.46),最终的隐秘像素 $p_{\mathrm{lm}}(i,j) \in [-42, 276]$,将其代入式(4.20)得

$$
\begin{aligned}
p_{\mathrm{lm}}(i,j) &=
\begin{cases}
[-42+255, 0+255], & \text{下溢} \\
[255-255, 276-255], & \text{上溢}
\end{cases} \\
&=
\begin{cases}
[213,255], & \text{下溢} \\
[0,21], & \text{上溢}
\end{cases}
\end{aligned}
\tag{4.47}
$$

故由式(4.20),提出的 RLS 算法很容易避免发生上溢或下溢问题。另外,根据式(4.28),如果隐秘像素满足式(4.47),很容易发现上溢或下溢的发生。故用式(4.25)就能正确提取出信息,并能无损地复原原始载体图像。所以用式(4.20)和式(4.28)在无须添加任何附加信息的情况下就能正确地避免上溢或下溢。

4.3.3　嵌入容量比较分析

实验开始,在 8 幅标准图像 Surveyor、Pepper、Baboon、Barbara、Chimney、Bird、House 和 Village 上将 RLS 算法与较前沿的算法[26,59-60,69,109]进行比较。

为获得高质量的隐秘图像,提出的 RLS 算法的参数设为 $t_n=2$。不同算法的 PSNR 与纯嵌入容量(EC)值如表 4.2 所示。从表中可以看出,文献[26,59-60,69,109]中的算法及提出的 RLS 的平均纯 EC 分别是 0.93bpp、0.09bpp、0.73bpp、0.56bpp、0.10bpp 及 1.3bpp,即提出的 RLS 算法的隐藏性能在 EC 方面比文献[26,59-60,69,109]中的算法分别高出 79%、1407%、134%、40% 及 1168%。也就是说,提出的 RLS 算法的嵌入容量比前沿算法都要高。由于文献[109]中的算法没有采用基于 DE 的方法隐藏信息,故没有足够的隐藏空间,而文献[59]中的算法虽然采用了载体像素对(x,y)的差分隐藏信息,但其对差分的修改只限于差分 1 处,故隐藏空间有限。文献[69]中的算法采用了最小平方预测器,充分利用了相邻像素的相关关系,文献[26,60]中的算法通过基于 DE 的方法提高了 EC,但它们的峰值频率还不够高。而提出的 RLS 算法则通过向右向左两次平移,两次使用峰值隐藏信息,增加了 EC,故其嵌入容量高于其他算法。

表 4.2　不同算法的 PSNR 与纯 EC 值

算 法	PSNR 和 EC	Surveyor	Pepper	Baboon	Barbara	Chimney	Bird	House	Village
[69]	PSNR/ dB	34.96	33.13	26.15	32.46	33.51	32.53	27.63	36.48
	EC/ bpp	0.99	0.93	0.90	0.96	0.94	0.98	0.89	0.86
[59]	PSNR/ dB	52.85	52.14	52.43	52.39	52.17	51.86	52.61	52.07
	EC/ bpp	0.13	0.10	0.05	0.11	0.09	0.09	0.04	0.08
[26]	PSNR/ dB	42.06	38.63	31.68	35.12	36.37	36.83	31.35	41.71
	EC/ bpp	0.74	0.74	0.72	0.72	0.72	0.74	0.71	0.73
[60]	PSNR/ dB	42.89	36.34	32.48	37.13	36.79	43.12	31.17	36.87
	EC/ bpp	0.52	0.63	0.49	0.58	0.56	0.68	0.39	0.60
[109]	PSNR/ dB	38.34	38.31	38.15	38.27	38.36	38.33	38.20	38.15
	EC/ bpp	0.12	0.09	0.07	0.08	0.08	0.22	0.07	0.09
Proposed	PSNR/ dB	32.01	31.82	31.33	31.89	31.78	33.43	31.38	31.72
	EC/ bpp	1.77	1.45	0.61	1.44	1.36	1.91	0.61	1.25

表 4.2 中还可以看出,对文献[26,59-60,69,109]中的算法及提出的 RLS 算法,当嵌入容量最大时的 PSNR 分别为 36.72dB、52.32dB、37.10dB、32.11dB、38.29dB 及 31.92dB,其中 RLS 算法分别较文献[26,59-60,69,109]中的算法低

13%、39%、14%、1%、17%。这表明此时提出的 RLS 算法的隐秘图像的质量
比其他算法低。然而,此时,其 EC 远远高于其他算法,而通常情况下,PSNR 在
[31,50]内人的视觉是区分不出来的,因此这点损失还是值得的。对所有的隐
秘图像,当 $t_n=0,1,2$ 时,其对应的隐秘图像的 PSNR 都几乎近似于 48dB、
36.5dB 或 32dB,此时很难发现其视觉差异。

4.3.4 不同嵌入容量时的峰值信噪比分析

在 8 幅标准图像(Surveyor、Pepper、Baboon、Barbara、Chimney、Bird、
House 和 Village)上将 RLS 算法与较前沿的算法[26,59-60,69,109]进行比较,看它们
在不同嵌入容量下的 PSNR,实验结果如图 4.7 所示。显然,对大多数应用所需
的中等嵌入容量(0.1bpp≤EC≤0.5bpp)提出的 RLS 算法的 PSNR 在所有算法
中最好。而且随着 EC 的增加,提出的 RLS 算法的 PSNR 性能明显增加。文献
[59,109]中的算法特别适用于低嵌入容量,即适用于 EC<0.1bpp,如表 4.2、
图 4.7 及图 4.8 所示。对大嵌入容量,即 EC>0.5bpp 时,提出的 RLS 算法的
PSNR 性能明显高于其他算法。这可以从提出算法的信息隐藏机制得以解释,
当峰值向右平移时,对应的像素会增加,但当峰值再次向左平移时,对应的像素
又会减小,因此经过两次平移后,隐秘像素的总嵌入失真会更小。嵌入容量 EC
越大,提出的 RLS 算法的优势越明显。

为了进一步比较所提算法的性能,另外对从 8 幅标准图像、图像库及放射
图像库中随机选择出的 100 幅图像的平均性能进行了比较,对这几种算法,都
计算这 100 幅图像在各种嵌入容量下的平均 PSNR 值,结果如图 4.8 所示。这
种结果与图 4.7 相似,对中等或大的嵌入容量,提出的 RLS 算法优于其他几种
算法,并且随着 EC 的增加,这种性能优势越明显。

对小嵌入容量情况,即 EC<0.1bpp,进一步比较提出的 RLS 算法与文献
[26,59-60,69,109]中算法的性能,再从标准图像及图像库中随机选择 20 幅图
像,几种算法在这 20 幅图像上分别对嵌入容量为 10 000bpp、20 000bpp 及
40 000bpp 进行实验。先将选择的图像库中的图像转换成灰度图像,然后再转
换成大小为 512×512 像素。实验的结果如表 4.3、表 4.5 及表 4.7 中的 2~7 列
所示,表中 $d[i]$ 表示提出的 RLS 算法与算法[i]的差分。表中实验表明,提出
的 RLS 算法在嵌入容量为 10 000bpp、20 000bpp 及 40 000bpp 时的性能较其
他算法好,但也有少量的图像,提出的算法性能稍微低于个别其他算法,例
如,对图像 Barbara,当嵌入容量为 10 000bpp 时,其性能低于文献[59]中的
算法。

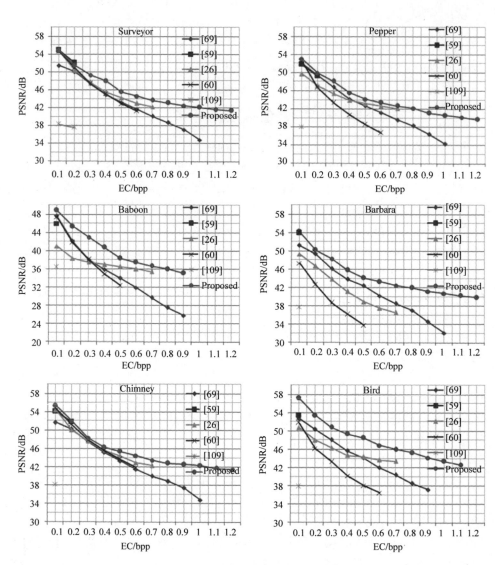

图 4.7　不同嵌入容量下的 PSNR 值

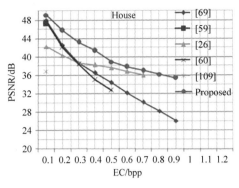
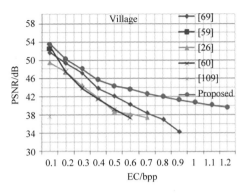

图 4.7 （续）

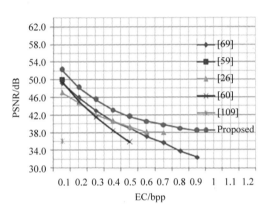

图 4.8 从 8 幅标准图像、图像库及放射图像库中随机选择的 100 幅
图像的平均性能比较

图像的信息隐藏性能受多种因素影响,因此表 4.3、表 4.5 及表 4.7 中每列样本不能看成是相互独立的样本,然而对每幅图像,更多的是关心提出算法与其他算法的差分值,由于实验环境完全一样,因此这些差分可以看成是独立的样本,于是可以用成对的 t 检验来分析。在表 4.3、表 4.5 及表 4.7 中,用 $(x_i, y[k]_i)$ 对来表示提出的 RLS 算法与其他 5 种算法的嵌入容量-嵌入失真性能,其中 $i \in [1,20]$,$k \in \{66,112,26,111,113\}$。于是,由式(4.48)可得差分

$$d[k]_i = x_i - y[k]_i \tag{4.48}$$

因此,可以得到如表 4.3、表 4.5 及表 4.7 的 8~12 列中 20 幅图像的 5 个具有新样本特征的分布,将其看成是成对的 t 检验的样本,则在水平 $\alpha = 0.05(95\%)$ 下的假设:

$$H_0 : u[k]_{d[k]} \leqslant 0, \quad H_1 : u[k]_{d[k]} > 0 \tag{4.49}$$

计算过程如表 4.4、表 4.6 及表 4.8 所示,其中 $\overline{x_d}$,s_d 分别表示差分均值和样本方差,于是可以得到

$$\overline{x[k]_d} = \frac{1}{n} \sum_{i=1}^{20} d[k]_i \tag{4.50}$$

$$s[k]_d = \sqrt{\frac{1}{n-1} \sum_{i=1}^{20} (d[k]_i - \overline{x[d]_d})^2} \tag{4.51}$$

于是 t 可计算为

$$t[k] = \frac{\overline{x[k]_d}}{s[k]_d / \sqrt{20}} \tag{4.52}$$

查表可得 $t_{0.05(19)} = 1.729$,由表 4.4、表 4.6 及表 4.8 可知,所有的 t 都满足

$$t > t_{0.05(19)} = 1.729$$

因此,拒绝假设 $H_0 : \mu_d \leqslant 0$,而接受假设 $H_1 : \mu_d > 0$,即对嵌入容量为 10 000bpp、20 000bpp 及 40 000bpp 时,提出的 RLS 算法优于其他 5 种算法。

表 4.3 嵌入容量为 10 000bpp 时各种算法的 PSNR 值及与使用 RLS 算法后 PSNR 值的差分

单位：dB

图像	[69]	[59]	[26]	[60]	[109]	RLS	d[69]	d[59]	d[26]	d[60]	d[109]
Surveyor	54.3	59.7	46.4	59.5	41.6	59.7	5.4	0.0	13.3	0.2	18.1
Airplane	57.4	63.5	47.5	64.8	43.4	65.0	7.6	1.5	17.5	0.2	21.6
Barbara	56.8	58.0	43.0	57.5	39.5	57.4	0.6	−0.6	14.4	−0.1	17.9
3	56.8	60.1	47.2	62.1	41.4	62.5	5.7	2.4	15.3	0.4	21.1
9	54.6	58.3	46.2	59.2	41.5	59.5	4.9	1.2	13.3	0.3	18.0
15	61.6	60.8	48.8	62.8	43.6	62.8	1.2	2.0	14.0	0.0	19.2
18	58.5	61.2	50.0	62.2	43.8	62.5	4.0	1.3	12.5	0.3	18.7
22	58.6	59.4	49.8	61.1	41.0	61.0	2.4	1.6	11.2	−0.1	20.0
31	60.7	64.6	52.7	64.7	43.2	64.9	4.2	0.3	12.2	0.2	21.7
42	55.2	60.6	45.7	60.5	41.1	60.7	5.5	0.1	15.0	0.2	19.6
46	56.5	57.2	48.1	58.4	40.6	58.6	2.1	1.4	10.5	0.2	18.0
53	59.1	62.4	50.2	61.9	42.3	61.8	2.7	−0.6	11.6	−0.1	19.5
64	56.1	59.2	51.9	60.0	41.2	60.4	4.3	1.2	8.5	0.4	19.2

续表

图像	[69]	[59]	[26]	[60]	[109]	RLS	d[69]	d[59]	d[26]	d[60]	d[109]
68	59.9	61.7	52.5	61.7	42.7	61.9	2.0	0.2	9.4	0.2	19.2
71	52.7	53.0	49.0	54.5	39.1	54.4	1.7	1.4	5.4	−0.1	15.3
77	61.5	65.4	53.9	66.7	48.2	66.6	5.1	1.2	12.7	−0.1	18.4
83	61.7	64.8	53.4	64.7	45.7	65.1	3.4	0.3	11.7	0.4	19.4
89	61.8	64.2	51.2	64.7	46.2	64.7	2.9	0.5	13.5	0.0	18.5
91	57.5	60.9	50.4	62.7	44.3	62.7	5.2	1.8	12.3	0.0	18.4
94	62.1	62.0	50.0	63.1	44.2	63.4	1.3	1.4	13.4	0.3	19.2

表 4.4　嵌入容量为 10 000bpp 时成对 t 检验的计算

指　　标	d[69]	d[59]	d[26]	d[60]	d[109]
$\overline{x}_d$	3.61	0.93	12.39	0.14	19.05
s_d	3.47	0.72	6.9	0.03	2.06
t	4.65	5.81	8.03	18.36	41.39

表 4.5　嵌入容量为 20 000bpp 时各种算法的 PSNR 值及与
使用 RLS 算法的 PSNR 值的差分　　　　　单位：dB

图像	[69]	[59]	[26]	[60]	[109]	RLS	d[69]	d[59]	d[26]	d[60]	d[109]
Surveyor	52.0	56.2	46.4	56.3	39.4	56.4	4.4	0.2	10.0	0.1	17.0
Airplane	55.0	59.8	45.2	59.5	41.0	62.6	7.6	2.8	17.4	3.1	21.6
Barbara	53.3	54.9	42.1	54.4	38.5	54.3	1.0	−0.6	12.2	−0.1	15.8
3	55.4	58.7	46.1	57.6	39.9	59.2	3.8	0.5	13.1	1.6	19.3
9	52.7	54.7	44.7	53.1	38.9	55.9	3.2	1.2	11.2	2.8	17.0
15	57.4	58.9	45.2	59.7	41.9	59.7	2.3	0.8	14.5	0.0	17.8
18	56.7	58.3	47.1	58.4	40.3	59.6	2.9	1.3	12.5	1.2	19.3
22	53.9	55.0	47.5	55.7	39.2	57.4	3.5	2.4	9.9	1.7	18.2
31	57.0	60.1	48.9	60.3	41.4	61.9	4.9	1.8	13.0	1.6	20.5
42	52.9	54.9	43.6	55.6	38.1	56.9	4.0	2.0	13.3	1.3	18.8

图像	[69]	[59]	[26]	[60]	[109]	RLS	d[69]	d[59]	d[26]	d[60]	d[109]
46	53.9	54.3	45.2	55.5	38.8	55.7	1.8	1.4	10.5	0.2	16.9
53	54.6	58.4	45.8	55.4	38.4	58.4	3.8	0.0	12.6	3.0	20.0
64	55.5	55.3	46.6	55.0	38.3	57.9	2.4	2.6	11.3	2.9	19.6
68	54.2	57.4	47.9	57.9	40.6	58.7	4.5	1.3	10.8	0.8	18.1
71	51.0	52.3	42.2	50.4	37.4	52.2	1.2	−0.1	10.0	1.8	14.8
77	60.1	62.8	51.3	63.4	45.3	63.5	3.4	0.7	12.2	0.1	18.2
83	60.7	61.2	48.1	60.4	42.6	62.0	1.3	0.8	13.9	1.6	19.4
89	57.7	60.7	48.9	60.0	43.0	61.7	4.0	1.0	12.8	1.7	18.7
91	56.7	59.4	48.3	59.1	41.3	59.7	3.0	0.3	11.4	0.6	18.4
94	59.3	59.0	49.5	58.2	42.9	60.6	1.3	1.6	11.1	2.4	17.7

表 4.6　嵌入容量为 20 000bpp 时成对 t 检验的计算

指　　　标	d[69]	d[59]	d[26]	d[60]	d[109]
$\overline{x}_d$	3.22	1.1	12.19	1.42	18.36
s_d	2.48	0.86	3.26	1.12	2.55
t	5.8	5.75	16.71	5.69	32.23

表 4.7　嵌入容量为 40 000bpp 时各种算法的 PSNR 值及与使用 RLS 算法后 PSNR 值的差分

单位：dB

图像	[69]	[59]	[26]	[60]	[109]	RLS	d[69]	d[59]	d[26]	d[60]	d[109]
Surveyor	51.8	50.8	44.8	52.7	38.1	52.6	0.8	1.8	7.8	−0.1	14.5
Airplane	52.6	55.2	44.3	55.8	38.9	60.4	7.8	5.2	16.1	4.6	21.5
Barbara	50.9	48.8	41.8	51.2	37.6	51.3	0.4	2.5	9.5	0.1	13.7
3	51.6	51.3	40.2	51.5	36.2	55.8	4.2	4.5	15.6	4.3	19.6
9	48.9	50.3	39.9	48.2	35.0	52.3	3.4	2.0	12.4	4.1	17.3
15	54.8	53.0	40.5	56.2	37.8	56.6	1.8	3.6	16.1	0.4	18.8
18	54.8	54.8	45.3	54.6	36.1	56.5	1.7	1.7	11.2	1.9	20.4

图 像	[69]	[59]	[26]	[60]	[109]	RLS	d[69]	d[59]	d[26]	d[60]	d[109]
22	50.0	48.8	45.0	53.6	37.9	53.7	3.7	4.9	8.7	0.1	15.8
31	56.4	54.6	45.7	55.6	39.3	58.4	2.0	3.8	12.7	2.8	19.1
42	49.6	50.1	41.1	51.7	35.1	51.9	2.3	1.8	10.8	0.2	16.8
46	52.1	49.0	42.8	48.3	35.4	52.6	0.5	3.6	9.8	4.3	17.2
53	52.5	49.6	42.9	52.5	37.7	54.3	1.8	4.7	11.4	1.8	16.6
64	54.1	50.3	42.3	53.9	37.7	55.3	1.2	5.0	13.0	1.4	17.6
68	52.3	52.7	41.6	51.3	37.3	55.6	3.3	2.9	14.0	4.3	18.3
71	49.1	44.8	40.7	47.0	35.6	49.8	0.7	5.0	9.1	2.8	14.2
77	59.0	57.2	48.7	57.7	42.0	60.3	1.3	3.1	11.6	2.6	18.3
83	55.1	53.7	47.2	54.4	39.4	58.7	3.6	5.0	11.5	4.3	19.3
89	55.9	55.6	47.1	56.6	40.1	58.9	3.0	3.3	11.8	2.3	18.8
91	55.0	51.5	45.8	54.3	38.4	56.0	1.0	4.5	10.2	1.7	17.6
94	56.0	53.2	48.0	52.9	40.6	57.5	1.5	4.3	9.5	4.6	16.9

表 4.8 嵌入容量为 40 000bpp 时成对 t 检验的计算

指 标	d[69]	d[59]	d[26]	d[60]	d[109]
$\overline{x}_d$	2.3	3.66	11.64	2.43	17.62
s_d	3.02	1.48	5.79	2.9	4.11
t	3.41	11.06	8.99	3.74	19.18

根据以上实验分析,提出的 RLS 算法具有以下优点:

(1)嵌入容量大,特别是当载体图像中光滑区域较多时,因为图像越光滑,其矩形预测误差直方图越陡峭。

(2)差分向右平移后,峰值失真加大,但差分向左平移后,差分又会减小,故隐秘图像的质量较高。

(3)能正确提取出信息,并能无损复原载体图像。

(4)无须添加任何附加信息就能有效地避免上溢或下溢。

第 5 章

基于双向差分扩展的 RDH 算法

第 3 章主要解决了信息隐藏过程中的稳健性问题,第 4 章主要解决了嵌入容量方面的问题。本章将从减小隐秘图像嵌入失真问题上进一步讨论,进而提出一种双向差分扩展的 RDH 模型。首先,以 Z 字形顺序扫描光栅图像,将二维图像转换为一维数组;然后,将相邻像素间的差分分别向左右两个方向扩展,并同时在左侧嵌入一位信息;最后,再将嵌入了信息位的隐秘一维数组转换为二维数组,得到隐秘图像。信息接收者接收到隐秘图像后,以 Z 字形顺序扫描光栅图像,将二维图像转换为一维数组;然后,将相邻像素间的差分分别向左右两个方向压缩,并同时在左侧提取一位信息;最后,再将提取了信息位的解密一维数组转换为二维数组,得到无损载体图像。另外,利用两像素的均值取值范围解决了上溢和下溢问题,并减小了隐秘图像的失真,即图像质量得到了高,并增加了隐藏信息的安全性和抗攻击性。

5.1 信息隐藏

如图 5.1 所示,算法秘密信息嵌入即隐藏过程分为 3 个主要步骤。首先,将二维图像按 Z 字形扫描形成一维数组;接着将一维数组的两相邻像素差分向双向扩展,并同时嵌入一位秘密信息;最后,将嵌入秘密信息的一维数组按照 Z 字形扫描相反顺序转换成二维数组,形成隐秘图像。算法秘密信息提取与复原过程是隐藏过程的逆过程,也有 3 个主要步骤:首先将二维图像按 Z 字形扫描形成一维数组;接着将该含有秘密信息的一维数组的两相邻像素差分向双向压缩,提取一位秘密信息,并同时复原原始像素;最后,将提取了信息后复原的一维数组按照 Z 字形扫描相反顺序转换成二维数组,形成无损载体图像。

如图 5.1 所示,将高与宽为 $h \times w$ 的二维载体图像 I 按 Z 字形顺序扫描,即奇数行像素顺序不变,偶数行像素反序,得到一维数组 A,其转换过程如下:

$$A[(i-1)w+j]=\begin{cases} I(i,j), & i\in[1,h],j\in[1,w],\mathrm{mod}(i,2)=1 \\ I(i,w+1-j), & i\in[1,h],j\in[1,w],\mathrm{mod}(i,2)=0 \end{cases}$$

$$(5.1)$$

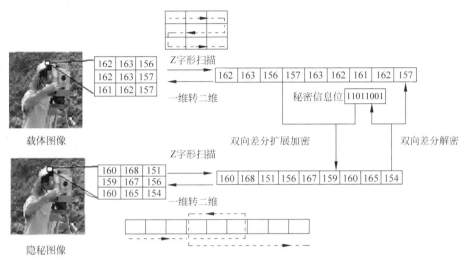

图 5.1　双向差分扩展 RDH 算法的嵌入与提取主框架隐秘图像

　　例如,对一幅大小为 512×512 像素图像的第 1 行第 1 列元素,即 $i=1,j=2$,由式(5.1)得到其在一维数组中位置为 $A(1)=I(1,1)$;图像的第 2 行第 1 列元素,即 $i=2,j=512$,由式(5.1)得到其在一维数组中位置为 $A(1024)=I(2,1)$。接着,从左至右扫描该一维数组,对 A 中的两相邻像素 $A(k),A(k+1)$,均值可能为小数,同时由于右侧像素 $A(k+1)$ 下次还参与像素 $A(k+2)$ 的计算,故 $A(k)$ 与 $A(k+1)$ 的均值取 $A(k)$ 方向最接近均值的整数作为均值,如图 5.2 所示,当 $A(k)<A(k+1)$ 时,用下取整函数,当 $A(k)\geqslant A(k+1)$ 时用上取整函数即可得到 $A(k)$ 与 $A(k+1)$ 两相邻像素左向均值 v 及差分 d,过程如下:

$$v=\begin{cases} \lfloor[A(k)+A(k+1)]/2\rfloor, & k\in[1,hw-1],A(k)<A(k+1) \\ \lceil[A(k)+A(k+1)]/2\rceil, & k\in[1,hw-1],A(k)\geqslant A(k+1) \end{cases}$$

$$(5.2)$$

$$d=\begin{cases} A(k+1)-A(k), & k\in[1,hw-1],A(k)<A(k+1) \\ A(k)-A(k+1), & k\in[1,hw-1],A(k)\geqslant A(k+1) \end{cases}$$

$$(5.3)$$

　　如图 5.2 所示,当 $A(k)=162,A(k+1)=157$,由式(5.2)与式(5.3)得 $v=\lceil(162+157)/2=160\rceil,d=162-157=5$;当 $A(k)=157,A(k+1)=162$ 时,由

式(5.2)与式(5.3)得 $v=\lfloor(157+162)/2\rfloor=159, d=162-157=5$。误差扩展与信息嵌入过程如图 5.2 所示,当 $A(k)\geqslant A(k+1)$ 时,将 $A(k)$ 左扩展 $v-A(k+1)$,同时将 $A(k+1)$ 向右扩展 $A(k)-v$,当 $A(k)<A(k+1)$ 时,将 $A(k)$ 左扩展 $A(k+1)-v$,同时将 $A(k+1)$ 向右扩展 $v-A(k)$,则两个相邻像素的差分刚好扩展了 1 倍。故两个相邻隐秘像素的差分必定为偶数,如果嵌入秘密信息位 $b=0$,则该差分为偶数不变,如果嵌入秘密信息位 $b=1$,则该差分必定变为奇数。为了保证 $A(k+1)$ 较小变化参与 $A(k+2)$ 像素的计算,秘密信息位嵌入在像素 $A(k)$ 位置上。于是,扩展差分,并在左像素嵌入秘密信息位 $b\in\{0,1\}$,得到对应的隐秘像素为

$$A'(k)=\begin{cases}v-d-b, & k\in[1,hw-1], A(k)<A(k+1)\\ v+d+b, & k\in[1,hw-1], A(k)\geqslant A(k+1)\end{cases} \quad (5.4)$$

$$A'(k+1)=\begin{cases}v+d, & k\in[1,hw-1], A(k)<A(k+1)\\ v-d, & k\in[1,hw-1], A(k)\geqslant A(k+1)\end{cases} \quad (5.5)$$

如图 5.2 所示,当 $A(k)=162, A(k+1)=157, v=160, d=5$,向左扩展 $v-A(k+1)=160-157=3$,并同时嵌入一位信息 $b=0$,即由式(5.4)得 $A'(k)=160+5+0=165$;向右扩展 $A(k)-v=162-160=2$,即由式(5.5)得 $A'(k+1)=160-5=155$。当 $A(k)=157, A(k+1)=162, v=159, d=5$,向左扩展 $A(k+1)-v=162-159=3$,并同时嵌入一位信息 $b=1$,即由式(5.4)得 $A'(k)=159-5-1=153$;向右扩展 $v-A(k)=159-157=2$,即由式(5.5)得 $A'(k+1)=159+5=164$。

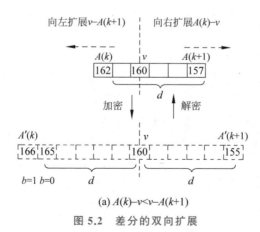

(a) $A(k)-v<v-A(k+1)$

图 5.2　差分的双向扩展

最后,将嵌入秘密信息后的一维数组按照前面 Z 字形顺序扫描反转换成二维数组,即得到了隐秘图像,如图 5.1 所示,转换过程如下:

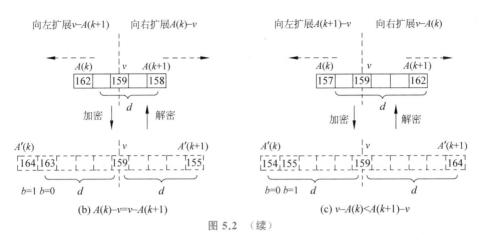

图 5.2 （续）

$$\begin{cases} I(i,j) = A[(i-1)w+j], & i \in [1,h], j \in [1,w], \mathrm{mod}(i,2) = 1 \\ I(i,w+1-j) = A[(i-1)w+j], & i \in [1,h], j \in [1,w], \mathrm{mod}(i,2) = 0 \end{cases}$$

$$(5.6)$$

例如,对一维隐秘数组中的第 1 个元素 $A(1)$,由 $i=1, j=1$ 及式(5.6)得到其在隐秘图像中位置为 $I(1,1) = A(1)$;一维隐秘数组中的第 1024 个元素 $A(1024)$,由 $i=2, j=512$ 及式(5.6)得到其在隐秘图像中位置为 $I(2,1) = A(1024)$。

5.2 上溢和下溢问题

图像像素的取值范围是 $[0,255]$,但由图 5.2 及式(5.4)和式(5.5)可知,当 $A(k)<A(k+1)$ 时,像素向左扩展;当 $A(k) \geqslant A(k+1)$ 时,像素向右扩展,可能导致隐秘像素的值小于 0,即出现了下溢;当 $A(k)<A(k+1)$ 时,像素向右扩展;当 $A(k) \geqslant A(k+1)$ 时,像素向左扩展,可能导致隐秘像素的值大于 255,即出现了上溢。同时,由式(5.4)和式(5.5)可知,当 d 值较大时,像素的嵌入失真也较大。为减少图像失真率,提高隐秘图像的质量,给定一个差分阈值 T_d,当 $d \leqslant T_d$ 时才嵌入信息,否则不嵌入任何信息。又由式(5.4)和式(5.5)可知,隐秘像素 $A'(i)$ 满足 $0 \leqslant v-d \leqslant A'(i) \leqslant v+d+b \leqslant 255$,故当 $T_d \leqslant v \leqslant 255-T_d-1 = 254-T_d$ 时,不会发生溢出。于是,在考虑减小图像嵌入失真、上溢、下溢问题的嵌入,将式(5.4)和式(5.5)修改为

$$A'(k) = \begin{cases} v-d-b, & k \in [1,hw-1], A(k) < A(k+1), v \in [T_d, 254-T_d] \\ A(k), & v < T_d \ \text{或} \ v > 254-T_d \\ v+d+b, & k \in [1,hw-1], A(k) \geqslant A(k+1), v \in [T_d, 254-T_d] \end{cases}$$

$$(5.7)$$

$$A'(k+1) = \begin{cases} v+d, & k \in [1, hw-1], A(k) < A(k+1), v \in [T_d, 254-T_d] \\ A(k+1), & v < T_d \text{ 或 } v > 254-T_d \\ v-d, & k \in [1, hw-1], A(k) \geqslant A(k+1), v \in [T_d, 254-T_d] \end{cases}$$

$$(5.8)$$

下面,以一个像素块为例说明嵌入过程。如图 5.1 所示,载体图像 Surveyor 中的一个 3×3 的像素块,令 $T_d=10$,即 $254-T_d=244$,按式(5.1)经 Z 字形扫描后形成了一个数组 $A=\{162,163,156,157,163,162,161,162,157\}$,由 $A(1)=162,A(2)=163$ 及式(5.2)与式(5.3)得 $v=\lfloor(162+163)/2\rfloor=162\in[10,244]$,$d=163-162=1\leqslant10$。由式(5.7)与式(5.8),嵌入一位秘密信息 $b=1$ 后,隐秘像素为 $A'(1)=162-1-1=160,A'(2)=162+1=163$;接着,计算 $A(2)$ 和 $A(3)$,由于第 2 像素可能已变化,故此时的像素 $A(2)=A'(2)=163,A(3)=156$,由式(5.2)和式(5.3)得 $v=\lceil(163+156)/2\rceil=160\in[10,244]$,$d=163-156=7\leqslant10$。由式(5.7)和式(5.8),嵌入一位秘密信息 $b=1$ 后,隐秘像素为 $A'(2)=160+7+1=168,A'(3)=160-7=153$;于是 $A'(3)=160-7=153$;于是 $A(3)=A'(3)=153,A(4)=157$,由式(5.2)与式(5.3)得 $v=\lfloor(153+157)/2\rfloor=155\in[10,244]$,$d=157-153=4\leqslant10$。由式(5.7)与式(5.8),嵌入一位秘密信息 $b=0$ 后,隐秘像素为 $A'(3)=155-4-0=151,A'(4)=155+4=159$。依次计算完所有像素,最后再经式(5.6)的反 Z 字形扫描,得到对应的隐秘图像像素块,如图 5.1 所示。

5.3 信息提取与载体图像复原

接收到隐秘图像后,首先,如图 5.1 所示,将高为 h、宽为 w 的二维隐秘图像 I_m 按 Z 字形顺序扫描,即奇数行像素顺序不变,偶数行像素反序,得到嵌入了秘密信息的一维数组 A',转换过程如式(5.1)所示。

接着,由于每个像素参与了两次嵌入隐藏过程,只有当像素 $A'(k+1)$ 复原后才能利用 $A'(k)$ 与 $A'(k+1)$ 正确提取和复原信息。故解密信息过程的顺序与隐藏信息过程的顺序刚好相反。因此,从右至左扫描嵌入了信息的一维数组 A',根据式(5.4)和式(5.5)分别相加与相减,得到隐藏数组的均值与差分:

$$v'=v=\lfloor[A'(k)+A'(k+1)]/2\rfloor \quad k\in[1,hw-1] \tag{5.9}$$

$$d'=2d-b=\begin{cases} A'(k+1)-A'(k), & k\in[1,hw-1], A(k)<A(k+1) \\ A'(k)-A'(k+1), & k\in[1,hw-1], A(k)\geqslant A(k+1) \end{cases}$$

$$(5.10)$$

最后,如图 5.2 所示,当嵌入信息 $b=0$ 时,两相邻隐秘像素 $A'(k)$ 与 $A'(k+1)$ 的差分必定为偶数,当嵌入信息 $b=1$ 时,两个相邻隐秘像素 $A'(k)$ 与 $A'(k+1)$ 的差分必定为奇数,于是秘密信息的提取如下:

$$b=\mathrm{mod}(d',2), \qquad v\in[T_\mathrm{d},254-T_\mathrm{d}] \tag{5.11}$$

于是,如图 5.2 所示,根据式(5.10)两原始载体图像相邻像素 $A(k)$ 与 $A(k+1)$ 差分必定为 $\lfloor d/2 \rfloor$,且均值为靠近 $A(k)$ 的整数,于是根据均值与差分式(5.9)与式(5.10),按照式(5.12)提取秘密信息和复原载体图像像素:

$$A(k)=\begin{cases} v+\left\lfloor \left\lfloor \dfrac{d'}{2} \right\rfloor /2 \right\rfloor, & k\in[1,hw-1],A'(k)\geqslant A'(k+1)+1,v\in[T_\mathrm{d},254-T_\mathrm{d}] \\ A'(k), & v<T_\mathrm{d} \text{ 或 } v>254-T_\mathrm{d} \\ v-\left\lfloor \left\lfloor \dfrac{d'}{2} \right\rfloor /2 \right\rfloor, & k\in[1,hw-1],A'(k)\geqslant A'(k+1)+1,v\in[T_\mathrm{d},254-T_\mathrm{d}] \end{cases}$$
$$\tag{5.12}$$

$$A(k+1)=\begin{cases} v-\left\lceil \left\lfloor \dfrac{d'}{2} \right\rfloor /2 \right\rceil, & k\in[1,hw-1],A'(k)\geqslant A'(k+1)+1,v\in[T_\mathrm{d},254-T_\mathrm{d}] \\ A'(k+1), & v<T_\mathrm{d} \text{ 或 } v>254-T_\mathrm{d} \\ v+\left\lceil \left\lfloor \dfrac{d'}{2} \right\rfloor /2 \right\rceil, & k\in[1,hw-1],A'(k)\geqslant A'(k+1)+1,v\in[T_\mathrm{d},254-T_\mathrm{d}] \end{cases}$$
$$\tag{5.13}$$

最后,将解密后的一维数组按照前面 Z 字形顺序扫描反转换成二维数组,即得到了原始载体图像,如图 5.1 所示,转换过程如式(5.6)所示。

下面,以一个像素块为例说明信息提取与无损载体图像复原过程。如图 5.1 所示,隐秘图像 Surveyor 中的一个像素块,经 Z 字形扫描后形成了一个数组 $A'=\{162,168,151,158,168,161,160,166,155\}$,由上可知令 $2T_\mathrm{d}-1=2\times10=20$。由 $A'(8)=165,A'(9)=154$ 及式(5.9)与式(5.10)得 $v=\lceil (165+154)/2 \rceil=160\in[10,244],d'=165-154=11\leqslant19$。由式(5.11),提取出一位秘密信息 $b=\mathrm{mod}(11,2)=1$,再由式(5.12)与式(5.13),载体图像像素恢复为 $A(8)=160+\lfloor (\lfloor 11/2 \rfloor)/2 \rfloor=162,A(9)=160-\lceil (\lfloor 11/2 \rfloor)/2 \rceil=157$;接着,计算 $A'(7)$ 和 $A'(8)$,由于第 8 像素可能已变化,故此时该两像素为 $A'(7)=160,A'(8)=162$,由式(5.9)与式(5.10)得 $v=\lfloor (160+162)/2 \rfloor=161\in[10,244],d'=162-160=2\leqslant19$。由式(5.11),提取出一位秘密信息 $b=\mathrm{mod}(2,2)=0$,再由式(5.12)与式(5.13),载体图像像素恢复为 $A(7)=161-\lfloor (\lfloor 2/2 \rfloor)/2 \rfloor=161,A(8)=161+\lceil (\lfloor 2/2 \rfloor)/2 \rceil=162$;接着,计算 $A'(6)$ 和 $A'(7)$,由于第 7 像素可能已变化,故此时两像素为 $A'(6)=159,A'(7)=A(7)=161$,由式(5.9)和式(5.10)得 $v=\lfloor (159+$

$161)/2\rfloor=160\in[10,244],d'=161-159=2\leqslant19$。由式(5.11),提取出一位秘密信息 $b=0$,再由式(5.12)与式(5.13),载体图像的像素恢复为 $A(6)=160-\lfloor(\lfloor 2/2\rfloor)/2\rfloor=159,A(7)=160+\lceil(\lfloor 2/2\rfloor)/2\rceil=161$。依次计算完所有像素,最后再经式(5.6)的反 Z 字形扫描,得到对应的解密后的原始图像的像素与解密信息,如图 5.1 所示。

由式(5.12)与式(5.13)可知,由于嵌入过程中有差分阈值 T_d 的引入,攻击者不知道这个阈值,就会提取出错误的信息和恢复出错误的载体图像,增加了系统的安全性。

5.4 算法的实验设计与分析

为评价提出算法的性能,选择 8 幅 512×512 像素的图像(Surveyor、Peppers、Baboon、Barbara、Chimney、Bird、House 和 Village)及从图像库中随机选择的 50 幅 816×616 像素的图像进行实验。实验中所用秘密信息位均由伪随机数生成,实验硬件所用计算机配置如下:处理器为 Intel Core i3-3110M,主频为 2.4GHz,内存为 4.0GB。

5.4.1 评价指标

为评价隐秘图像的质量,仍然采用 PSNR 作为评价指标,其定义如下:

$$\text{PSNR}=10\lg\frac{255^2}{\text{MSE}} \tag{5.14}$$

其中

$$\text{MSE}=\frac{1}{hw}\sum_{k=2}^{hw}\left[A'(k)-A(k)\right]^2 \tag{5.15}$$

由式(5.14)和式(5.15)可知,PSNR 越大,MSE 越小,隐秘图像的嵌入失真越小,即隐秘图像的质量越好。

5.4.2 差分阈值 T_d

由式(5.7)和式(5.8)可知,算法的嵌入容量以及隐秘图像质量与差分阈值 T_d 关联程度较大,T_d 越大嵌入的量越大,但隐秘图像失真也越大。为了比较差分阈值 T_d 与 EC 及 PSNR 的关系,首先测试 8 幅标准图像(Surveyor、Pepper、Baboon、Barbara、Chimney、Bird、House、Village)在不同差分阈值 T_d 下的 EC 与 PSNR。表 5.1 列出了提出算法在 T_d 为 5、10、15、20、25、30 情况下的 EC 与 PSNR。可以看出,不同图像由于光滑程度不同,在相同 T_d 下的嵌入容量不同,越光滑的图像,其 EC 也大,隐秘图像的质量与嵌入容量有关,如图像 Bird 比 Baboon 光滑区域多,当 $T_d=5$ 时,其 EC 由 194 891bpp 降至80 069bpp,而因 Bird 图像的嵌入容量大得多,故其 PSNR 也由 42.92dB 升至45.71dB。但因嵌入容量增加了 1.4 倍,而 PSNR 才降低了 6%,这点损失还是值得的。另外,对同一幅图像,随着 T_d 值的增加,图像的嵌入容量也增加,但图像质量下降。当 $T_d>20$ 时,嵌入容量增加较小,而 PSNR 降低较大,故实际应用中,尽量使得 $T_d<20$。由此,在嵌入容量不大的情况下,尽量使用较小的 T_d 值来提高图像的质量。

表 5.1 不同算法的 PSNR 和嵌入容量

图 像	$T_d=5$		$T_d=10$		$T_d=15$		$T_d=20$		$T_d=25$		$T_d=30$	
	EC /bpp	PSNR /dB	EC /bpp	PSNR /dB	EC /bpp	PSNR /dB	EC /bpp	PSNR /dB	EC /bpp	PSNR /dB	EC /bpp	PSNR /dB
Surveyor	168 155	42.99	216 825	37.71	236 405	35.32	246 011	33.99	251 361	33.11	254 562	32.46
Pepper	145 695	42.95	204 651	36.35	232 197	33.02	245 544	31.16	252 097	30.09	255 659	29.45
Baboon	80 069	45.71	132 010	38.53	167 298	34.47	191 937	31.82	209 536	29.94	222 434	28.52
Barbara	133 199	43.71	173 095	38.39	191 785	35.79	203 941	33.96	213 247	32.45	220 627	31.14
Chimney	142 777	43.37	187 350	37.71	208 832	34.90	221 499	33.10	230 521	31.70	237 019	30.55
Bird	194 891	42.92	230 694	38.51	242 888	36.45	248 944	35.14	252 470	34.23	254 773	33.54
House	75 720	46.02	119 723	38.92	148 670	34.90	168 611	32.25	182 868	30.35	193 491	28.91
Village	131 739	43.87	185 949	37.87	213 188	34.76	228 535	32.80	238 255	31.38	244 199	30.35
Average	168 155	42.99	216 825	37.71	236 405	35.32	246 011	33.99	251 361	33.11	254 562	32.46

以下实验中,为了体现本算法的先进性,T_d 值选择较大的值,即 $T_d=30$。

5.4.3 相同峰值信噪比下的嵌入容量

不同的 RDH 算法,其性能差距较大。为了测试提出的双向差分扩展算法高效性,将其与新近文献[33,108-110,112]中的算法进行性能比较。首先测试 8 幅标准图像(Surveyor、Pepper、Baboon、Barbara、Chimney、Bird、House、Village)在不同隐秘图像质量下的嵌入容量。表 5.2 列出了 6 种算法在大致相同的 PSNR 下的嵌入容量,"—"表示该算法达不到该嵌入容量,表中 PSNR 和嵌入容量的单位分别为 dB 和 bpp。可以看出,当在 PSNR 均值为 43dB 时,提出算法和文献[33]中算法的嵌入容量均值分别为 21 650bpp 和 12 075bpp,即提出算法的嵌入容量比文献[33]中的算法高 79%。文献[108-110,112]中算法的 PSNR 均不能达到 43dB,即这两种算法的图像嵌入失真较大。而当 PSNR

均值为 32dB 时,文献[109]中的算法已超出嵌入范围,也即嵌入容量太小,文献[33,108-110]中的算法有个别图像能达到这样的 PSNR,但嵌入容量远低于提出算法在这种失真情况下的嵌入容量。文献[112]中算法的嵌入容量均值接近540bpp,提出算法嵌入容量均值为 83 550bpp,远远高于文献[112]中的算法。而文献[109]中的算法在 PSNR 均值为 36dB 时的嵌入容量均值为 11 267bpp,即提出算法在 PSNR 为 32dB 时的嵌入容量比文献[109]中的算法在 PSNR 均值为 36dB 时的嵌入容量还要高出 642%。由此,在隐秘图像失真相同的情况下,本算法的嵌入容量较高,即嵌入性能优于其他算法。

5.4.4　相同嵌入容量时的隐秘图像质量

下面,进一步分析不同算法在同一图像在嵌入容量相同时的隐秘图像质量,隐秘图像的质量用 PSNR 衡量。实验继续在 8 幅标准图像 Surveyor、Pepper、Baboon、Barbara、Chimney、Bird、House 和 Village 上进行,实验中,每幅图像的 EC 分别为 10 000bpp、20 000bpp 及 40 000bpp。为了测试提出的双向差分扩展算法的高效性,继续将本算法与文献[33,108-110,112]中的算法进行性能比较。实验结果如表 5.3 所示。表中"—"表示该算法达不到该嵌入容量。可以看出,当嵌入容量为 10 000bpp 时,提出算法与文献[33,108-110,112]中算法的 PSNR 均值分别为 42.7dB、39.3dB、37.7dB、28.0dB 及 25.3dB,文献[112]中的算法达到了嵌入上限,不能嵌入 10 000bpp 信息。此时,提出算法的PSNR 分别比文献[33,108-110]中的算法高 9%、69%、13% 及 53%;当嵌入容量为 20 000bpp 时,提出算法与文献[33,108-110,112]中算法的 PSNR 均值分别为 39.5dB、38.5dB、25.0dB、28.4dB 及 27.6dB,文献[112]中的算法达到了嵌入容量的上限,不能嵌入 20 000bpp 信息,且文献[109]中的算法对部分图像也达到了嵌入容量的上限,不能嵌入 20 000bpp 信息。此时,提出算法的 PSNR 分别比文献[33,108-110]中的算法分别高出 3%、39%、43% 及 58%;当嵌入容量为40 000bpp 时,所提算法与文献[33、108-110]中算法的 PSNR 均值分别为 36.1dB、36.1dB、24.6dB 及 27.2dB,文献[112]中算法达到了嵌入容量的上限,不能嵌入 40 000bpp 信息,且文献[109]中的算法对大部分图像也达到了嵌入容量的上限,不能嵌入40 000bpp 信息。此时,文献[33]中的算法与所提算法具有相同的平均嵌入容量,且所提算法的 PSNR 比文献[108-110]中的算法高出47% 及 33%。由此,文献[109]和文献[112]中算法的嵌入容量较低,不能满足大多数信息隐藏应用的需求。同时,在相同嵌入容量的情况下,所提算法的隐秘图像 PSNR 较高,即图像的嵌入失真较小。故本算法的隐秘图像质量(即 PSNR 性能)优于其他算法。

表 5.2 不同算法的 PSNR 和嵌入容量

算法	[33]		[112]		[109]		[110]		[108]		Proposed	
	EC/bpp	PSNR/dB	EC/bpp	PSNR/dB	EC/bpp	PSNR/dB	EC/bpp	PSNR/dB	EC/bpp	PSNR/dB	EC/bpp	PSNR/dB
Surveyor	16 000	43	—	43	20 800	39	—	43	—	43	41 600	43
	—	32	450	33	26 000	38	117 000	32	20 000	34	182 000	32
Pepper	5200	43	—	43	25 000	38	—	43	—	43	10 000	43
	—	32	450	33	3300	34	26 000	32	—	32	104 000	32
Baboon	—	43	—	43	9800	39	—	43	—	43	26 000	43
	5200	32	750	25	—	34	—	32	—	32	12 000	28
Barbara	26 000	43	—	43	12 000	39	—	43	—	43	31 000	38
	—	32	450	26	26 000	36	—	32	—	32	41 600	32
Chimney	2600	43	—	43	20 000	39	—	43	—	43	130 000	42
	—	32	568	30	—	36	—	32	—	32	52 000	32
Bird	67 600	43	—	43	33 800	39	—	43	—	43	98 800	46
	—	32	600	30	6240	37	—	32	—	32	—	36
House	—	43	—	43	10 800	39	—	43	—	43	16 000	43
	5200	32	530	30	26 000	36	—	32	—	32	16 000	32
Village	5200	43	—	43	1080	38	—	43	—	43	80 600	43
	—	32	528	29	2600	34	—	32	—	32	—	32
Average	12 075	43	—	43	16 660	39	—	43	—	43	21 650	43
	4550	32	540	30	11 267	36	—	32	—	32	83 550	32

表 5.3　不同嵌入容量时的 PSNR

单位：dB

算法 EC/bpp	[33]			[112]			[109]			[110]			[108]			Proposed		
	10000	20000	40000	10000	20000	40000	10000	20000	40000	10000	20000	40000	10000	20000	40000	10000	20000	40000
Surveyor	43.3	42.7	40.2	—	—	—	40.3	38.6	—	34.6	34.3	33.8	34.3	34	33.8	49.8	46.6	42.8
Pepper	42.2	41.0	38.8	—	—	—	39.4	37.3	—	32.5	32.1	31.7	29.5	29	28.2	43	39.4	36.3
Baboon	31.1	30.1	28.4	—	—	—	29.9	—	—	25.4	24.7	24.2	23.1	22.8	22.6	30.5	28.7	26.7
Barbara	33.2	32.4	28.1	—	—	—	36.4	33.5	—	25.3	24.7	24.1	21.8	21.6	21.2	38.3	34.4	30.8
Chimney	42.6	42.1	41.1	—	—	—	42.0	39.5	38.2	29.4	29.0	28.7	24.7	24.5	24.2	47.7	45.5	43.1
Bird	48.0	47.1	43.7	—	—	—	42.8	40.6	38.9	29.5	29.2	29.1	29.6	29.1	28.8	54.4	51.1	47.4
House	31.6	30.9	28.5	—	—	—	30.8	—	—	19.7	19.4	19.0	14.9	14.3	14	33.7	30	26.8
Village	42.7	41.6	39.9	—	—	—	39.6	37.8	—	27.5	27.1	26.8	24.8	24.4	23.9	44.5	40.5	35.2
Average	39.3	38.5	36.1	—	—	—	37.7	28.4	—	28.0	27.6	27.2	25.3	25.0	24.6	42.7	39.5	36.1

5.4.5 不同算法的动态性能比较

为进一步分析不同算法的性能,在 8 幅标准图 Surveyor、Pepper、Baboon、Barbara、Chimney、Bird、House、Village 上继续实验。分别测试每一幅图像在不同嵌入容量下不同算法的 PSNR,并绘出二者的动态变化关系,以便直观分析不同算法的嵌入性能,实验结果如图 5.3 所示。图中的横坐标表示嵌入容量(EC),纵坐标表示 PSNR。由图可以看出,当使用本算法和文献[33]所用算法时,图像平滑区域越大,像素间的相关程度越大,嵌入容量也越大,图像的嵌入失真越小,如图像 Bird 光滑区域较大,而图像 House 边缘较多,图像变化较大,故在相同横坐标值时,Bird 图像的嵌入容量都较大。两种算法在 0.1～0.5bpp 时,与文献[33]所用算法的 PSNR 相比,有时会略高些,但总体上来说本算法更好些。文献[33]所用算法的嵌入容量较小,均不能超过 0.5bpp,而所提算法的 PSNR 可以达到 1.0bpp,能满足大多数信息隐藏应用要求。文献[112]所用算法的嵌入容量一般少于 1000bpp,曲线图无法标记出来,文献[109]所用算法的嵌入容量也只能在 0.1bpp 以下,不能满足信息隐藏应用要求,且 PSNR 均远远低于所提算法。文献[108,110]所用算法的 PSNR 与嵌入容量的关系不大,但这两种方法的嵌入容量都很难达到 1.0bpp,且在小于 1.0bpp 情况下的图像质量比文献[33,112]所用算法都低。为了进一步证实所提算法与相关文献所用算法之间的关系,在图像库中随机选择了 50 幅 816×616 像素图像进行实验,并求取这 50 幅图像的平均 EC-PSNR 图,实验结果如图 5.4 所示。图 5.4 的基本趋势与图 5.3 完全一致,即以上的分析结果正确。

由于本算法的信息嵌入容量较高,于是,继续进行高嵌入容量情况下提出的隐藏算法的安全性实验,随机选择 8 幅标准图像 Surveyor、Pepper、Baboon、Barbara、Chimney、Bird、House、Village 中的 4 幅标准图像,分别加入 0.1bpp、0.5bpp、1.0bpp 的秘密信息位,实验结果表 5.4 所示。可以看出,图 Bird 较平滑,而图 House 变化较大,平滑区域较少,又由表 5.3 可知,在相同嵌入容量情况下,图像 Bird 的 PSNR 较高,嵌入失真较小,而图像 House 的 PSNR 较低,嵌入失真相对更明显些。同时,每一幅图像的 PSNR 都会随着嵌入容量的增加而逐渐降低,但是对于 Surveyor 等比较平滑的图像,在嵌入容量为 1.0bpp 时,隐秘图像的嵌入失真较小,PSNR 较高,不易引起觉察,安全性较高。

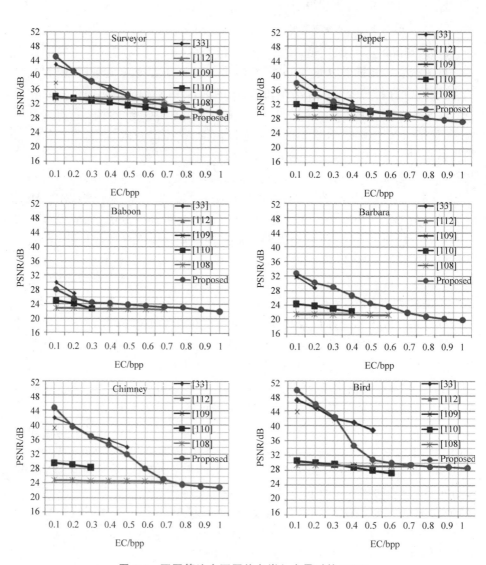

图 5.3 不同算法在不同信息嵌入容量时的 PSNR

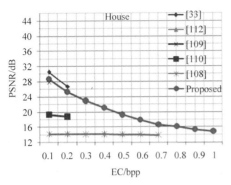
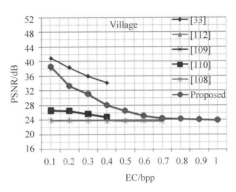

图 5.3 （续）

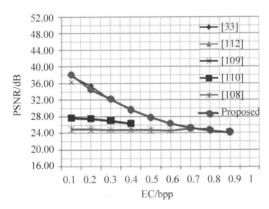

图 5.4　50 幅图像不同算法在不同信息嵌入容量下的 PSNR 均值

表 5.4　不同嵌入容量（EC）时的 PSNR 值　　　　　　　　单位：dB

EC	0.1	0.5	1.0
Surveyor	45.4	34.7	30.1
Bird	49.7	31.1	28.9
Chimney	44.8	32.0	23.0
House	28.8	19.5	14.9

　　由以上比较分析,本算法在各种应用环境下的嵌入性能和安全性能均优于其他算法。

第 6 章

一种有效的无移位的多位 RDH 算法

6.1 相关研究工作

本节讨论两种 RDH 算法，它们与所提出的算法紧密相连。第一种算法是在 Arham 提出的差分扩展算法基础上改进的用于多层数据隐藏的四元差分扩展算法。该方案将图像分成 2×2 的图像块，每个块都可通过像素组合转化为向量，如图 6.1 所示。

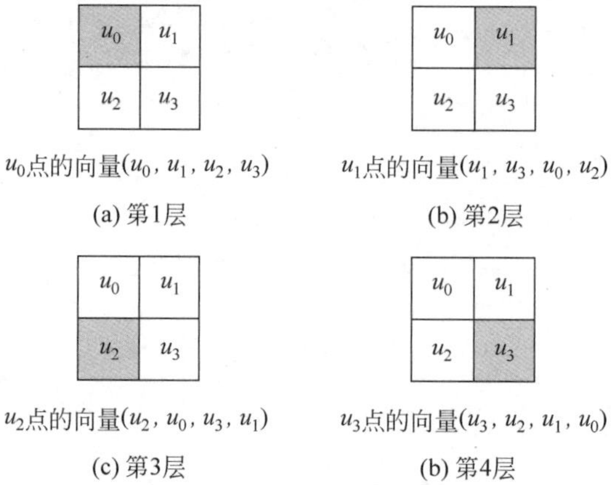

u_0点的向量(u_0, u_1, u_2, u_3)

(a) 第1层

u_1点的向量(u_1, u_3, u_0, u_2)

(b) 第2层

u_2点的向量(u_2, u_0, u_3, u_1)

(c) 第3层

u_3点的向量(u_3, u_2, u_1, u_0)

(b) 第4层

图 6.1　生成 4 层向量

在第 1 层中，像素 u_0 是基点，式(6.1)通过向量 $\boldsymbol{u} = (u_0, u_1, u_2, u_3)$ 的差分来计算向量 $\boldsymbol{v} = (v_1, v_2, v_3)$。

$$\begin{cases} v_1 = u_1 - u_0 \\ v_2 = u_2 - u_1 \\ v_3 = u_3 - u_2 \end{cases} \tag{6.1}$$

然后,使用式(6.1)的逆式(6.2)来恢复原始图像。

$$\begin{cases} u_0 = v_0 - \left\lfloor \dfrac{3v_1 + 2v_2 + v_3}{4} \right\rfloor \\ u_1 = v_1 + u_0 \\ u_2 = v_2 + u_1 \\ u_3 = v_3 + u_2 \end{cases} \tag{6.2}$$

在第 2 层中,像素 u_1 是基点,式(6.3)通过向量 $\boldsymbol{u} = (u_0, u_1, u_2, u_3)$ 的差分来计算向量 $\boldsymbol{v} = (v_1, v_2, v_3)$。

$$\begin{cases} v_1 = u_3 - u_1 \\ v_2 = u_0 - u_3 \\ v_3 = u_2 - u_0 \end{cases} \tag{6.3}$$

然后,使用式(6.3)的逆式(6.4)来恢复原始图像。

$$\begin{cases} u_0 = v_2 + u_3 \\ u_1 = v_0 - \left\lfloor \dfrac{3v_1 + 2v_2 + v_3}{4} \right\rfloor \\ u_2 = v_3 + u_0 \\ u_3 = v_1 + u_1 \end{cases} \tag{6.4}$$

在第 3 层中,像素 u_2 是基点,式(6.5)通过向量 $\boldsymbol{u} = (u_0, u_1, u_2, u_3)$ 的差分来计算向量 $\boldsymbol{v} = (v_1, v_2, v_3)$。

$$\begin{cases} v_1 = u_0 - u_2 \\ v_2 = u_3 - u_0 \\ v_3 = u_1 - u_3 \end{cases} \tag{6.5}$$

然后,使用式(6.6)来恢复原始图像。

$$\begin{cases} u_0 = v_1 + u_2 \\ u_1 = v_3 + u_3 \\ u_2 = v_0 - \left\lfloor \dfrac{3v_1 + 2v_2 + v_3}{4} \right\rfloor \\ u_3 = v_2 + u_0 \end{cases} \tag{6.6}$$

在第 4 层中,像素 u_3 是基点,式(6.7)通过向量 $\boldsymbol{u} = (u_0, u_1, u_2, u_3)$ 的差分来计算向量 $\boldsymbol{v} = (v_1, v_2, v_3)$。

$$\begin{cases} v_1 = u_2 - u_3 \\ v_2 = u_1 - u_2 \\ v_3 = u_0 - u_1 \end{cases} \tag{6.7}$$

然后，使用式(6.8)来恢复原始图像。

$$\begin{cases} u_0 = v_3 + u_1 \\ u_1 = v_2 + u_2 \\ u_2 = v_1 + u_3 \\ u_3 = v_0 - \left\lfloor \dfrac{3v_1 + 2v_2 + v_3}{4} \right\rfloor \end{cases} \tag{6.8}$$

然后，将这8个式依次应用到如图6.1所示的对应层。如此计算差分就不会在导致重复。对于数据位b_i，用式(6.9)进行嵌入。

$$v_i = \begin{cases} v_i - 2^{\text{lb}|v_i|-1}, & 2 \times 2^{n-1} \leqslant v_i \leqslant 3 \times 2^{n-1} - 1 \\ v_i - 2^{\text{lb}|v_i|}, & 3 \times 2^{n-1} \leqslant v_i \leqslant 4 \times 2^{n-1} - 1 \end{cases} \tag{6.9}$$

其中，$n = \lfloor \text{lb}|v_i| \rfloor$。嵌入后的新的像素$u_i$可由式(6.10)得到。

$$\begin{cases} \tilde{u}_0 = u_0 \\ \tilde{u}_1 = \tilde{v}_1 + u_0 \\ \tilde{u}_2 = \tilde{v}_2 + u_1 \\ \tilde{u}_3 = \tilde{v}_3 + u_2 \end{cases} \tag{6.10}$$

第二个算法则同时将多对不同的峰零值，运用多层HS嵌入，直到所有的峰零值对用完为止。多对峰零值对应于基于HS的多层嵌入，每对峰零值对应一个嵌入层，且相互影响，在失真评估中应给予考虑。

图6.2给出了一个基于HS的多层嵌入的例子，其中包含了两对峰零值。

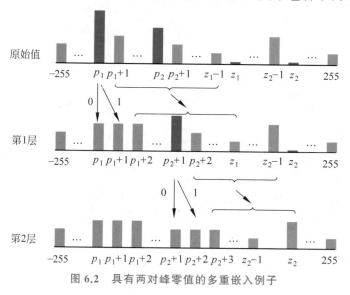

图6.2 具有两对峰零值的多重嵌入例子

首先,将直方图中两对不同的峰零值定义为$\{(p_k,z_k)|k\in[1,2],p_1\neq p_2,z_1\neq z_2\}$。然后选择一对峰零值,即$(p_1,z_1)$,进行第 1 层嵌入,这将导致 p_2 平移到 $p'_2=p_2+1$,因为 p_2 介于 $[p_1+1,z_1-1]$。因此,下一个待嵌入层的峰值被替换为 $p'_2=p_2+1$ 这一过程称为峰值漂移。类似地有零值漂移。第 2 层嵌入则在(p'_2,z_2)基础上进行。

6.2 无移位的多位 RDH 算法

算法结合了以上两种算法的优点,采用多层嵌入的方法显著提高了嵌入容量,并避免了因多次偏移而造成的视觉质量。可在没有基于差分扩展或直方图平移的条件下,一次嵌入多个位。

6.2.1 算法基本原理

算法 6.1 的基于差分扩展方法简单地将图像分成 2×2 的像素块,并利用 4 层进行信息隐藏,而算法 6.2 则一次利用多对不同的峰零值,并根据得到的直方图连续进行多层 HS 嵌入,直到所有选定的峰零值对都用完。这样并不能改变像素对之间的相关性,故其致嵌入容量及计算复杂度(CC)都较低。在隐秘图像技术中,最简单也是最流行的方法就是简单的 LSB 替换。这些方案都是不可逆的方法,没有利用像素对之间的相关信息。在此,利用 3 个连续像素之间的高相关性,一次嵌入几个秘密信息位。

前面两种算法采用多层嵌入策略,可以通过多次嵌入多位。在此基础上,提出了一次嵌入多位的方法以降低失真。

对于大小为 $h\times w$ 的灰度图像 I,其中 h 和 w 分别表示高和宽,每像素的值范围为 $0\sim255$,它可能是由一个 8 位 0、1 二进制串来表示。对于 I 中的像素 $p(i,2j)$,其差分 $d(i,2j)$ 为

$$d(i,2j)=p(i,2j+1)-p(i,2j-1) \tag{6.11}$$

其中,$i\in[1,h],j\in[2,w]$。给定一个阈值 T,其可嵌入性 $e(i,2j)$ 为

$$e(i,2j)=\begin{cases}1, & |d(i,2j)|<T \\ 0, & |d(i,2j)|\geqslant T\end{cases} \tag{6.12}$$

然后,将像素 $p(i,2j)$ 按式(6.13)划分为 EP 或 NEP:

$$p(i,2j)=\begin{cases}\text{EP}, & e(i,2j)=1 \\ \text{NEP}, & e(i,2j)=0\end{cases} \tag{6.13}$$

由于 3 个连续像素之间的相关信息较少,NEP 像素不能被嵌入信息位。对

于 NEP 像素,首先按式(6.14)计算其局部最大值 EMAX$(i,2j)$和最小值 EMIN$(i,2j)$:

$$EMAX(i,2j) = \begin{cases} p(i,2j+1), & d(i,2j) \geqslant 0 \\ p(i,2j-1), & d(i,2j) < 0 \end{cases} \qquad (6.14)$$

$$EMIN(i,2j) = \begin{cases} p(i,2j-1), & d(i,2j) \geqslant 0 \\ p(i,2j+1), & d(i,2j) < 0 \end{cases} \qquad (6.15)$$

因此,可得其局部偏移量 OS$(i,2j)$:

$$OS(i,2j) = \begin{cases} p(i,2j) - EMAX(i,2j), & p(i,2j) > EMAX(i,2j) \\ p(i,2j) - EMIN(i,2j), & EMIN(i,2j) \leqslant p(i,2j) \leqslant EMAX(i,2j) \\ EMIN(i,2j) - p(i,2j), & p(i,2j) < EMIN(i,2j) \end{cases}$$

$$(6.16)$$

然后,按式(6.17)将 EP$(i,2j)$像素替换为另一个由隐秘信息位、偏移位和标志位组成的新像素 $p'(i,2j)$,以二进制形式构造,如图 6.3 所示。其两个标记位 $F(i,2j)$可按式(6.17)计算:

$$F(i,2j) = \begin{cases} 11, & p(i,2j) > EMAX(i,2j) \\ 10, & EMIN(i,2j) \leqslant p(i,2j) \leqslant EMAX(i,2j) \\ 01, & EMIN(i,2j) - T \leqslant p(i,2j) \leqslant EMIN(i,2j) \\ 00, & p(i,2j) < EMIN(i,2j) - T \end{cases} \qquad (6.17)$$

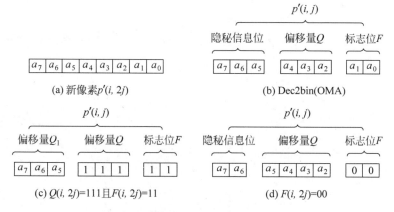

(a) 新像素$p'(i, 2j)$ (b) Dec2bin(OMA)

(c) $Q(i, 2j)$=111且$F(i, 2j)$=11   (d) $F(i, 2j)$=00

图 6.3　新像素 $p'(i,2j)$ 的二进制结构

(其中偏移位数 $n=3$,阈值 $T=2^{n+1}-1=7$)

由图 6.3 可知,T 应满足以下约束条件。

$$T = 2^n - 1, n \in [1,6] \qquad (6.18)$$

其中,n 表示偏移位的个数。

对于 $F(i,2j)=11$ 的情况,偏移量 $Q(i,2j)$ 表示按式(6.19)计算的像素 $p'(i,2j)$ 在中间 n 位:

$$Q(i,2j)=\begin{cases}\mathrm{Dec2bin}(T), & OS(i,2j)\geqslant T \\ \mathrm{Dec2bin}[OS(i,2j)], & 0\leqslant OS(i,2j)<T\end{cases} \tag{6.19}$$

其中,Dec2bin()函数用于将十进制数 $OS(i,2j)$ 转换为等值的二进制数 $Q(i,2j)$。如果 $Q(i,2j)=2n-1$,则 $p'(i,2j)$ 左边的 $6-n$ 位表示按式(6.20)计算的偏移量 $Q(i,2j)$:

$$Q_1(i,2j)=\mathrm{Dec2bin}[OS(i,2j)-T] \tag{6.20}$$

如图 6.3(c)所示;否则,左边的 $6-n$ 位表示 3 个隐秘信息位,如图 6.3(b)所示。

对于 $F(i,2j)=10$ 的情况,偏移量 $Q(i,2j)$ 表示按式(6.21)计算的像素 $p'(i,2j)$ 在中间 n 位:

$$Q(i,2j)=\mathrm{Dec2bin}[OS(i,2j)-T] \tag{6.21}$$

如图 6.3(b)所示,左边的 $6-n$ 位表示隐秘信息位。

对于 $F(i,2j)=00$ 的情况,偏移量 $Q(i,2j)$ 表示按式(6.21)计算的像素 $p'(i,2j)$ 在中间 4 位,如图 6.3(d)所示。

最后计算 $p'(i,2j)$ 为

$$p'(i,2j)=\sum_{i=0}^{7}2^k a_i \tag{6.22}$$

6.2.2 算法的嵌入容量及嵌入失真

由算法的附件信息阈值 T,嵌入容量(EC)为

$$EC=\sum_{i=1}^{h}\sum_{j=1}^{\lfloor w/2\rfloor}\{h[F(i,2j)=10]+h[F(i,2j)=01]\}n \tag{6.23}$$

其中,$h[F(i,2j)=10]$ 和 $h[F(i,2j)=01]$ 表示像素 EP 的出现频率,'10'和'01'分别表示直方图的标志位。

对于 8 位的灰度图像,在嵌入过程中,用 $p'(i,2j)$ 替换 EP 像素 $p(i,2j)$,如图 6.3 所示,$p'(i,2j)$ 以二进制形式由秘密信息位、偏移量和标志位构造。假设 $p(i,2j)$ 和 $p'(i,2j)$ 中的"0"和"1"是均匀分布的,$p(i,2j)$ 中只有一半的位被改变,故可由式(6.24)得到了一个 EP 像素 $p(i,2j)$ 的平均失真:

$$\delta[p(i,2j)]=\sum_{i=1}^{8}(2^k\times0.5)=127.5, \quad e(i,2j)=1 \tag{6.24}$$

容易看出,嵌入失真 D 可表示为

$$D = 127.5 \times \sum_{i=1}^{h} \sum_{j=1}^{\lfloor w/2 \rfloor} \{h[p(i,2j)]\}, \quad e(i,2j) = 1 \qquad (6.25)$$

其中,$i \in [1,h]$,$j \in \left[1, \left\lfloor \dfrac{w}{2} \right\rfloor\right]$,$h[p(i,2j)]$表示图像直方图中 EP 像素的出现频率。

6.2.3 算法实例

为了便于理解,用一个例子来说明提出的算法。这里只考虑阈值 $T=7$。首先,假设一个 8 位灰度图像是一个 8×8 的像素块,如图 6.4 所示。假设按照从左到右及从上到下的顺序扫描图像像素。在原始块上用式(6.11)嵌入时,差分块如图 6.4(b)所示。接下来,给出了 5 个例子来说明算法的嵌入过程。

173	179	185	**189**	192	183	183	185
180	**174**	176	185	189	186	180	189
186	179	172	**172**	177	189	191	186
178	**179**	178	175	169	175	190	192
169	171	177	**181**	173	**171**	176	186
175	**183**	170	**172**	177	**183**	175	172
174	**176**	175	**173**	175	**179**	178	179
178	**177**	180	**181**	179	**166**	176	180

(a) 大小为8×8的原始灰度图像块

12	7	−9
−4	13	−9
−14	5	14
0	−9	21
8	−4	3
−5	7	−2
1	0	3
2	−1	−3

(b) 用式(6.11)嵌入时的差分块

173	179	185	**178**	192	183	183	185
180	**169**	176	185	189	186	180	189
186	179	172	**172**	177	189	191	186
178	**179**	178	175	169	175	190	192
169	171	177	**175**	173	**171**	176	186
175	**63**	170	**172**	177	**183**	175	172
174	**176**	175	**173**	175	**179**	178	179
178	**177**	180	**181**	179	**140**	176	180

(c) 用本算法嵌入后的像素块

图 6.4 算法嵌入程序实例(红色像素为 EP 像素)

以像素 $p(1,4) = 189$ 为例,由式(6.14)和式(6.15)可得,EMAX$(1,4) = 192$,EMIN$(1,4) = 185$,由式(6.16)得到其偏移量 OS$(1,4) = p(1,4) -$ EMIN$(1,4) = 4$。因此,新像素 $p'(1,4)$ 的标志位 $F(1,4) = 10$,偏移量 $Q(1,4) = 4$(其对

应的二进制为 100),分别由式(6.17)和式(6.19)计算。另外,3 个秘密信息位 101 是隐秘像素 $p'(1,4)$ 的剩余 3 位。最后,像素 $p'(1,4)$ 的二进制数为 10110010,通过式(6.22)计算其对应的十进制值 $p'(1,4)=178$,如图 6.3(b)和图 6.4(c)所示。

以像素 $p(2,2)=174$ 为例,其中 EMAX$(2,2)=180$,EMIN$(2,2)=176$,由式(6.14)和式(6.15)得到其偏移量 OS$(2,2)=$ EMIN$(2,2)-p(2,2)=2$。因此,新像素 $p'(2,2)$ 的标志位 $F(2,2)=01$,偏移量 $Q(2,2)=2$(其对应的二进制值为 010),分别由式(6.17)和式(6.19)计算。另外,3 位秘密信息位 101 是隐秘像素 $p'(2,2)$ 的剩余 3 位。最后,像素 $p'(2,2)$ 的二进制数为 10101001,由式(6.22)计算其对应的十进制值为 $p'(2,2)=169$,如图 6.3(b)和图 6.4(c)所示。

以像素 $p(5,4)=181$ 为例,其中由式(6.14)和式(6.15)得到 EMAX$(5,4)=177$,EMIN$(5,4)=173$,由式(6.16)得到其偏移量 OS$(5,4)=p(5,4)-$ EMAX$(5,4)=4$。因此,新像素 $p'(5,4)$ 的标志位 $F(5,4)=11$,偏移量 $Q(5,4)=3$(其二进制等效值为 011),分别由式(6.17)和式(6.19)计算。最后,像素 $p'(5,4)$ 的二进制数为 10101111,由式(6.22)计算出其对应十进制值 $p'(5,4)=175$,如图 6.3(b)和图 6.4(c)所示。

以像素 $p(6,2)=183$ 例,其中由式(6.14)和式(6.15)得到 EMAX$(6,2)=175$,EMIN$(6,2)=170$,由式(6.16)得到其偏移量 OS$(6,2)=p(6,2)-$ EMAX$(6,2)=8$。因此,新像素 $p'(6,2)$ 的标志位 $F(6,2)=11$ 和偏移量 $Q(6,2)=7$(其对应的二进制值为 111),分别由式(6.17)和式(6.19)计算。此外,3 个秘密信息位 001 是隐藏像素 $p'(6,2)$ 的偏移量 $Q(6,2)=$ OS$(6,2)-7=8$(相应的十进制数为 001)的。最后,像素 $p'(6,2)$ 的二进制数为 00111111,由式(6.22)计算其相应的十进制数为 $p'(6,2)=63$,如图 6.3(c)和图 6.4(c)所示。

最后,以像素 $p(8,6)=166$ 为例,由式(6.14)和式(6.15)可得 EMAX$(8,6)=179$,EMIN$(8,6)=176$,由式(6.16)可得其偏移量 OS$(8,6)=$ EMIN$(8,6)-p(8,6)=10$。因此,新像素 $p'(8,6)$ 的标志位 $F(8,6)=00$,偏移量 $Q(8,6)=3$(其二进制等效值为 0011),分别由式(6.17)和式(6.21)计算。另外,两个秘密信息位 10 为隐秘像素 $p'(8,6)$ 的左 2 位。最后,由式(6.22)计算出像素 $p'(8,6)$ 的二进制数为 10001100,其对应的十进制值为 $p'(5,4)=140$,如图 6.3(d)和图 6.4(c)所示。

6.2.4 信息嵌入方法

给定 8 位灰度覆盖图像 I 和阈值 T,假设 $p'(I,2j)$ 为像素 $p(i,2j)$ 对应的隐秘像素,按算法 6.1 将秘密位作为嵌入 $p(i,2j)$。

【算法 6.1】

Algorithm 6.1   *The embedding algorithm*

    Input: Cover image I with size w · h and secret information bits
//w:width, h:height

    Output: Stego image I'

    Begin

    for i←1 to h

      for j←1 to ⌊w/2⌋

        calculate d(i,2j) with Eq.(6.11)

        calculate e(i,2j) with Eq.(6.12)

        calculate ep(i,2j) with Eq.(6.13)

    if e(i,2j)==1 then

      calculate EMAX(i,2j) with Eq.(6.14)

      calculate EMIN(i,2j) with Eq.(6.15)

      calculate OS(i,2j) with Eq.(6.16)

      calculate F(i,2j) with Eq.(6.17)

      if F(i,2j)==11 then

        calculate Q(i,2j) with Eq.(6.19)

      if Q(i,2j)==111 then

        calculate Q(i,2j) with Eq.(6.20)

       elseif Q(i,2j)≠111 then

   embedded three secret bits into the left three bits of p'(i,2j)

      endif

      elseif F(i,2j)==10 or F(i,2j)==01

        calculate Q(i,2j) with Eq.(6.21)

      elseif F(i,2j)==00

      the offset Q denoting the middle four bits of p'(i,2j) is obtained as
Eq.(6.21)

      calculate Q(i,2j) with Eq.(6.22)

    endif

      endif

        end for

    end for

    end

为了保证从图像中提取信息的可逆性,必须将嵌入容量保存为二进制格式形式的附加信息,并将其放在秘密信息位的前面。然后,可以得到隐秘图像 I'。最后,可以同时将隐秘图像 I' 和阈值 T 发送到给定的接收端。

6.2.5 信息提取与图像复原

根据接收到的 8 位灰度隐秘图像 I 和阈值 T,按算法 6.2 提取秘密信息位冰恢复载体图像 I',其中,假设 $p(i,2j)$ 为载体图像 I' 中像素 $p'(i,2j)$ 对应的隐秘像素。

【算法 6.2】

Algorithm 6.2　*The extraction algorithm*

Input: Steg image I' with size $w \cdot h$　　　/* w:width, h:height */

Output: Cover image I and secret information bits

begin

$SD \leftarrow \varnothing$　　　　　　　　　　/* Initialize secret bit sequence SD */

for $i \leftarrow 1$ *to* h

　for $j \leftarrow 1$ *to* $\lfloor w/2 \rfloor$

　　$d(i,2j) \leftarrow p(I,2j+1) - p(I,2j-1)$　　　/* Eq.(6.11)(6.11) */

$e(i,2j) \leftarrow \begin{cases} 1, & if\ abs(d(i,2j)) < T \\ 0, & if\ abs(d(i,2j)) \geqslant T \end{cases}$　　　/* Eq.(6.12) */

　　$p(i,2j) \leftarrow \begin{cases} EP, & if\ e(i,2j)=1 \\ NEP, & if\ ae(i,2j)=0 \end{cases}$　　/* Eq.(6.13) */

if $e(i,2j) == 1$ *then*

　$EMAX(i,2j) \leftarrow \begin{cases} p(i,2j+1), & if\ d(i,2j) \geqslant 0 \\ p(i,2j-1), & if\ d(i,2j) < 0 \end{cases}$　　/* Eq.(6.14) */

　　$EMIN(i,2j) \leftarrow \begin{cases} p(i,2j-1), & if\ d(i,2j) \geqslant 0 \\ p(i,2j+1), & if\ d(i,2j) < 0 \end{cases}$　　/* Eq.(6.15) */

　$PS \leftarrow Dec2bin(p(i,2j))$

　　/* Coverts the decimal number $p(i,2j)$ to a binary stream PS */

　$F(i,2j) \leftarrow PS(7:8)$

/* Extract the right two flag bits of PS, marked as $F(i,2j)$ */

　if $F(i,2j) == 11$ *then*

　　　$Q(i,2j) \leftarrow PS(4:6)$

　　　/* Extract the middle three bits of PS, marked as $Q(i,2j)$ */

$if\ Q(i,2j)==111\ then$

$\qquad p'(i,2j) \leftarrow Bin2dec(PS(1:3)) + 7 + EMAX(i,2j)$

/ * the left three bits of $p(i,2j)$ denote offset $Q(i,2j)$, and $p'(i,2j)$ will be recovered or estimated, where Bin2dec() function is employed to transform a binary number to its decimal equivalent * /

$\qquad else\ if\ Q(i,2j) \neq 111\ then$

$$\begin{cases} SD \leftarrow SD \cup PS(1:3) \\ p'(i,2j) \leftarrow EMIN(i,2j) - Bin2dec(PS(4:6)) + \\ \qquad EMAX(i,2j) \end{cases}$$

/ * three secret bits will be extracted and the pixel $p'(i,2j)$ will be recovered * /

$\qquad else\ if\ F(I,2j)==01$

$$\begin{cases} SD \leftarrow SD \cup PS(1:3) \\ p'(i,2j) \leftarrow EMIN(i,2j) - Bin2dec(PS(4:6)) \end{cases}$$

/ * three secret bits will be extracted and the pixel $p'(i,2j)$ will be recovered * /

$\qquad else\ if\ F(I,2j)==00$

$$\begin{cases} SD \leftarrow SD \cup PS(1:2) \\ p'(i,2j) \leftarrow EMIN(i,2j) - 7 - Bin2dec(PS(2:6)) \end{cases}$$

/ * three secret bits will be extracted and the pixel $p'(i,2j)$ will be recovered * /

$\qquad endif$

$\qquad endif$

$\qquad end\ for$

$\qquad end\ for$

end

6.3 算法探讨

在此,探讨下阈值 T,有效载荷限制嵌入,以及算法的优点。

6.3.1 阈值 T

如式(6.12)、式(6.13)、式(6.19)、图 6.3 和表 6.1 所示,阈值 T 会影响嵌入容量。式(6.12)和式(6.13)表示了阈值 T 与载体图像中 EP 像素个数的关系。

表 6.1 算法在不同阈值 T 时的 EC 　　　　　　　　单位: bpp

图　　像	$T=3$	$T=5$	$T=7$
1	200 208	323 574	344 476
2	502 648	520 344	428 664
3	279 960	369 705	354 692
4	328 752	381 807	353 134
5	561 816	526 725	402 550
6	549 052	515 334	399 026
7	524 220	525 084	417 320
8	519 236	502 845	388 552
9	264 104	327 546	334 542
10	581 488	572 391	445 434
11	236 288	321 402	327 962
12	185 640	246 189	266 206
13	345 744	448 291	402 078
14	427 508	499 524	413 372
15	620 936	622 875	465 346
16	578 828	580 425	447 640
17	482 044	499 752	404 320
18	573 540	548 559	425 884
19	470 392	510 741	409 988
20	574 652	582 369	444 166

表 6.1 给出了阈值 T 与 EC 的关系,其中图像选取自图像数据库。表中设 T 分别为 3、7 和 15。可以看出,对于一些平滑区域较小的图像,sumEC 随 T 的增大而增大。例如,对于图像 1,当 T 分别为 3、7 和 15 时,可以得到 EC= 200 208bpp、323 574bpp 和 344 476bpp。因为,在模型的非光滑区域,由式(6.12)

和式(6.13),EC像素的数量将会随着 T 增加而增加,而对于其他更加平滑的图像,EC甚至会随着 T 的增加而减少。例如,图像5,如果 T 为3、7和15,则EC为561 816bpp、526 725bpp和402 550bpp。这是因为在平滑区域,由式(6.19)可知,EP的嵌入容量会随着 T 的减小而增大,因此对于大多数图像,阈值 $T=3$ 就足够了。

6.3.2 有限载荷嵌入

在实际应用中,提出的可逆图像信息隐藏通常可以表述为有效载荷有限的嵌入,即

$$\begin{cases} \min m =| \text{ EP } | \\ \text{s.t.} \{h[F(i,2j)=10]+h[F(i,2j)=01]\}n \geqslant C \end{cases} \quad (6.26)$$

其中,|EP|表示EP像素个数。式(6.26)是确定嵌入给定载荷 C 的最小EP像素数,同时最小化失真 D。因此,如果 m 固定的,则式(6.26)的解空间大小为 $A_{t_m}^m$,其中 t_m 为载体图像的总EP像素数。以 Surveyor 图像的预测误差为例,其中 $t_m = 630\ 318$,$m = 10$ 时,解空间大小约为 $A_{60\ 318}^{10}=1.7754\times10^{41}$。值得注意的是,根据式(6.25),所有解都会导致相同的失真。因此,直接将有效载荷 C 嵌入到签 m 个EP像素中,C 作为附加信息被放置在秘密信息位的前面。

6.3.3 算法优点

算法至少具有以下优点。

(1) 当原始图像具有较多平滑区域时,嵌入率更高。

(2) 一步完成数据隐藏和图像质量退化。这是因为它通过修改两个邻居之间的像素值来一次嵌入多位信息。

(3) 在条件允许的情况下,完全提取出秘密信息,且无错误地恢复原始图像。

(4) 完全避免了上溢或下溢问题,因为它直接构造了一个8位信息的隐秘像素,而不使用 HS 和 DE 算法。

6.4 实验结果与分析

为评价新算法,测试8幅标准 $512\times512\times8$ 位灰度图像,从图像库中随机选择100幅 $816\times616\times8$ 位的具有不同纹理特征的灰度图像,从分类图像数据库中随机选择20幅 384×256 位或 256×384 位彩色图像。实验都是在一台处

理器为 i3,主频为 2.20GHz,内存为 6.0GB 的计算机上进行的。实验中使用的秘密数据是由一个伪随机数生成器生成的。通过与现有的可逆数据隐藏方法[26,95,118-120]的比较,证明了该算法的优越性。在所有的实验中,都会生成一个随机的秘密信息并嵌入到测试图像中。

6.4.1 算法优点

用峰值信噪比(PSNR)计算隐秘图像 I' 与载体图像 I 的相似度,如式(6.27)所示。

$$PSNR = 10\lg \frac{(2^n - 1)^2}{MSE} \tag{6.27}$$

其中

$$MSE = \frac{1}{hw} \sum_{i=1}^{h} \sum_{j=1}^{w} \left[p'(i,j) - p(i,j) \right]^2 \tag{6.28}$$

PSNR 值越大,隐秘图像与载体图像的相似度越高。如式(6.28)所示,MSE 值越小,则隐秘图像与载体图像的相似度越高。

6.4.2 最大嵌入容量及其峰值信噪比实验

第一组实验在 8 幅标准图像 Surveyor、Baboon、Airplane、Bird、Chimney、Sailboat、Pepper 和 Village 上进行测试,考虑了不同算法在最大嵌入容量下的性能。表 6.2 列出了最大嵌入容量,以及峰值信噪比(PSNR)的值。考虑 8 幅测试图像,Jafar[95]、Pan[118]、Aulia[26]、Wang[119]、Chen[120] 和提出算法的平均最大嵌入容量分别为 267bpp、163.8bpp、33 752bpp、194 595bpp、201 628bpp、141 406bpp 和 292 228bpp(或 1.02bpp、0.13bpp、0.74bpp、0.76bpp、0.54bpp 和 1.11bpp)。结果表明,提出算法的最大嵌入容量分别比现有算法提高了 9%、765%、50%、45% 和 106%。这是因为式(6.25)中 $h[p(i,2j)]$ 的频次比峰值和 DE 直方图的频率高得多。从 8 幅隐秘图像的质量看,Jafar[95]、Pan[118]、Aulia[26]、Wang[119]、Chen[120] 和提出算法的平均 PSNR 值分别为 48.67dB、50.68dB、38.69dB、38.11dB、21.80dB 和 49.10dB。这表明,提出算法的 PSNR 值分别比 Jafar[95]、Pan[118]、Aulia[26]、Wang[119]、Chen[120] 的算法提高了 0.9%、26.9%、28.8% 和 125.2%。尽管平均 PSNR 值算法产生的图像小于文献[120]中的算法约 3.1%,这种差异对肉眼来说几乎没有明显的增加,与增加的嵌入容量来说,可以忽略不计。且 Pan 的算法[120]只适用于低负载应用程序。

表 6.2 不同算法的 PSNR 及最大嵌入容量

算法	PSNR 和 EC	Surveyor	Baboon	Airplane	Bird	Chimney	Sailboat	Pepper	Village
[95]	PSNR/dB	48.71	48.69	48.65	48.71	48.68	48.54	48.67	48.72
	EC/bpp	276.787	256.933	279.212	286.927	247.031	256.908	276.685	256.827
[118]	PSNR/dB	51	50	51.36	50.65	50.38	50.85	51.12	50.31
	EC/bpp	40.059	15.802	46.034	38.167	30.128	27.861	42.937	29.033
[26]	PSNR/dB	43	36	40.72	36.63	37.16	36.73	41.74	38.25
	EC/bpp	196.083	193.314	195.282	198.339	191.466	194.583	195.414	192.283
[119]	PSNR/dB	41	40	34.35	31.76	41.24	40.12	35.89	41.01
	EC/bpp	199.237	196.371	207.965	210.298	189.074	199.652	211.740	198.691
[120]	PSNR/dB	22	21	22.35	23.06	21.53	22.32	20.86	21.47
	EC/bpp	125.839	128.457	159.914	173.037	134.703	141.578	117.965	149.762
提出算法	PSNR/dB	51	48	49.04	51.08	47.89	48.03	50.07	47.19
	EC/bpp	358.459	241.307	294.802	368.121	232.660	247.142	346.900	248.433

6.4.3 不同载荷下的 PSNR 值

然后,在以上 8 幅标准图像 Surveyor、Baboon、Airplane、Bird、Chimney、Sailboat、Pepper 和 Village 上进行第二组实验,研究嵌入载荷小于预期最大嵌入容量的情况。图 6.5 表示了嵌入可变载荷时,不同算法隐秘图像的平均

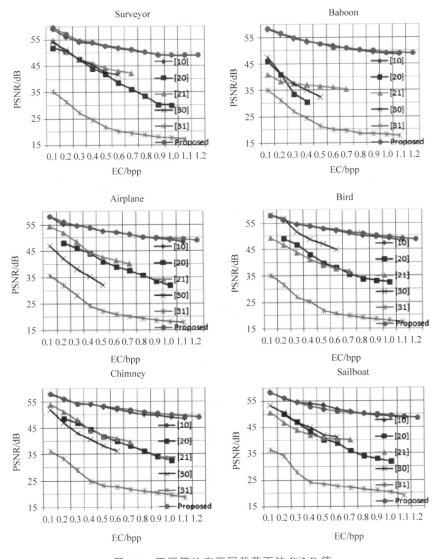

图 6.5　不同算法在不同载荷下的 PSNR 值

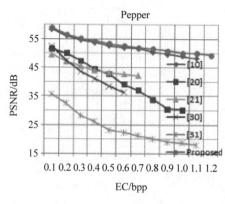
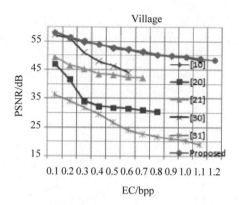

图 6.5 （续）

PSNR 值的变化情况。显然,提出算法的 8 幅测试图像的 PSNR 值都高于目前最先进的算法。事实上,与 Jafar 的算法[95]相比,提出算法的 PSNR 值略好于 Jafar 的算法[95],所有测试图像的嵌入容量都高于 Jafar 的算法[95]。

这可以通过所提出算法的嵌入模式来证明。在有效载荷小于 1bpp 的情况下,对于载体图像,只使用前面的像素进行嵌入,而保持后面的像素不变。此外,该算法嵌入时除 EP 外不会移动其他像素,提高了隐秘图像的质量。但是,Wang[119]的算法等其他的算法在没有多次信息嵌入的情况下,会移动大量的像素。

从图像数据库中随机选取 100 幅测试图像进行平均性能比较,如图 6.6 所示,其中 108 幅彩色图像,大小为 816 × 616 像素。所有的彩色图像都被转换成灰度版。可以看出,对于各种数据负载,提出算法明显优于其他 4 种方法[26,118-120],其性能趋向于与 Jafar 的方法[95]相似,而嵌入容量明显高于 Jafar 的方法[95]。这是因为所提算法可以在不移动任何 NEP 的情况下在 EP 中嵌入多个位。

为了进一步验证所提算法的性能,从分类图像数据库中随机选取另外 20 幅图像对所提出方法进行了评价,这 20 幅图像由 1000 幅大小分别为 384×256 像素和 256×384 像素的彩色图像组成。所有的彩色图像都被转换成灰度。表 6.3~表 6.5 分别列出了提出算法的 PSNR 值以及嵌入容量为 10 000bpp、20 000bpp 和 40 000bpp 时 5 种方法的比较。注意,这里,如果某算法不能支持某嵌入容量,对应的结果用"一"表示。可以看到,在嵌入容量为 10 000bpp、20 000bpp 和 40 000bpp 时,提出算法的性能比文献[95]的算法平均 PSNR 略高,明显优于文献[26,118-120]的算法。

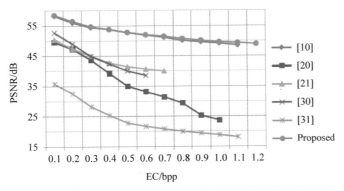

图6.6 从图像数据库中随机选取 100 幅测试图像的平均性能比较

表6.3 嵌入容量为 10 000bpp 时各种算法的分类图像数据库性能及与所提
算法 PSNR 值的差分　　　　　　　　　　　　　　　单位：dB

图 像	算法对应的文献					Proposed	Proposed－[95]
	[95]	[118]	[26]	[119]	[120]		
1	60.0	46.3	47.5	54.6	33.7	59.8	－0.2
2	59.5	45.4	46.7	53.6	33.3	58.1	－1.4
3	60.1	47.1	48.2	58.1	33.4	60.1	0.0
4	58.6	45.9	49.0	58.0	33.1	58.3	－0.3
5	59.2	47.8	49.1	58.4	33.5	60.1	0.9
6	59.3	47.6	49.2	58.2	33.8	59.6	0.3
7	59.4	47.2	49.6	58.3	33.4	59.3	－0.1
8	60.6	48.1	48.7	58.9	33.7	60.7	0.1
9	59.7	46.3	46.3	54.6	32.8	58.9	－0.8
10	59.6	47.0	48.1	55.5	32.8	60.1	0.5
11	60.8	48.3	49.3	58.4	33.4	60.9	0.1
12	61.2	48.5	49.7	59.1	33.7	60.7	－0.5
13	59.7	47.3	47.8	58.2	32.6	60.4	0.7
14	60.4	46.8	47.2	56.2	32.8	60.6	0.2
15	58.8	46.2	48.6	58.5	33.1	61.1	2.3
16	59.6	46.5	48.8	56.7	33.7	61.2	1.6
17	60.1	48.1	49.5	58.2	33.2	60.8	0.7
18	60.7	48.3	49.7	59.2	33.6	61.0	0.3

续表

图像	算法对应的文献					Proposed	Proposed－[95]
	[95]	[118]	[26]	[119]	[120]		
19	59.4	47.5	49.1	58.4	33.7	60.6	1.2
20	60.1	48.0	49.3	59.2	33.9	60.2	0.1
$\overline{x_d}$							0.285
s_d							0.681
$t=\dfrac{\overline{x_d}}{s_d/\sqrt{20}}$							1.871

表 6.4　嵌入容量为 20 000bpp 时各种算法的分类图像数据库性能
及与所提算法 PSNR 值的差分　　　　　单位：dB

图像	算法对应的文献					Proposed	Proposed－[95]
	[95]	[118]	[26]	[119]	[120]		
1	57.2	48.6	49.4	51.7	35.4	57.3	0.1
2	57.7	47.8	48.2	50.8	36.2	57.1	－0.6
3	56.8	50.0	49.1	51.1	37.3	58.2	1.4
4	57.3	51.2	50.3	52.3	37.8	58.3	1.0
5	57.2	51.4	50.4	52.2	37.1	58.8	1.6
6	57.4	51.6	52.1	52.4	36.2	58.4	1.0
7	57.1	50.4	49.3	41.1	37.4	57.2	0.1
8	58.0	52.0	51.3	52.7	36.7	57.1	－0.9
9	58.4	48.3	48.8	50.3	36.8	58.5	0.1
10	57.8	52.2	52.4	52.5	37.0	58.6	0.8
11	57.2	51.6	50.3	52.3	37.1	58.3	1.1
12	57.5	51.4	49.9	52.6	37.2	57.1	－0.4
13	58.0	52.5	52.3	53.7	36.8	58.4	0.4
14	57.9	52.2	52.1	52.5	37.4	57.8	－0.1
15	57.1	51.3	50.9	52.3	37.4	58.2	1.1
16	58.1	52.7	53.1	53.3	36.5	58.3	0.2
17	57.7	51.7	52.4	52.5	36.7	58.7	1.0
18	57.4	50.9	50.3	52.6	35.8	57.8	0.4
19	57.5	51.6	52.1	52.3	37.1	57.4	－0.1

续表

图 像	算法对应的文献					Proposed	Proposed－[95]
	[95]	[118]	[26]	[119]	[120]		
20	57.4	50.9	50.6	53.7	37.2	57.6	0.2
$\overline{x}_d$							0.420
s_d							0.465
$t = \dfrac{\overline{x}_d}{s_d/\sqrt{20}}$							4.041

表 6.5　嵌入容量为 40 000bpp 时各种算法的分类图像数据库性能及与所提
算法 PSNR 值的差分　　　　　　　　　　　单位：dB

图 像	算法对应的文献					Proposed	Proposed－[95]
	[95]	[118]	[26]	[119]	[120]		
1	55.0	47.1	46.9	48.2	32.4	55.3	0.3
2	55.1	47.4	47.2	47.7	32.6	55.5	0.4
3	56.1	46.8	46.6	46.2	31.7	54.3	－1.8
4	56.2	—	49.3	48.5	33.3	56.7	0.5
5	56.4	49.2	49.7	48.3	33.8	56.2	－0.2
6	56.1	—	45.6	45.1	31.6	55.7	－0.4
7	55.6	—	46.3	46.3	31.9	55.9	0.3
8	55.1	48.3	48.1	48.6	33.8	55.8	0.7
9	56.7	—	48.5	48.2	33.2	56.6	－0.1
10	56.3	45.9	45.7	45.9	30.5	56.8	0.5
11	56.3	47.2	47.7	47.0	32.8	56.5	0.2
12	55.1	—	47.6	48.0	33.2	55.2	0.1
13	56.4	45.7	45.5	45.1	31.7	56.5	0.1
14	55.7	45.3	45.1	45.9	31.3	56.4	0.7
15	56.3	48.2	49.8	49.0	34.1	56.6	0.3
16	56.1	—	45.3	45.4	31.6	56.3	0.2
17	56.7	—	46.1	45.9	31.2	56.3	－0.4
18	55.8	48.7	48.3	49.1	34.3	56.2	0.4
19	55.3	—	45.4	45.6	31.5	55.8	0.5

图像	算法对应的文献					Proposed	Proposed—[95]
	[95]	[118]	[26]	[119]	[120]		
20	55.5	47.4	47.1	48.7	33.3	55.7	0.2
$\overline{x_d}$							0.125
s_d							0.303
$t = \dfrac{\overline{x_d}}{s_d / \sqrt{20}}$							1.845

由于每幅图像的嵌入容量-嵌入失真性能受较多因素的影响,不能将表 6.3～表 6.5 中文献[95]中算法的样本列看成是独立的,提出算法与文献[95]中的算法之间 PSNR 是相关的,因此,可使用成对 t 检验来检验,提出的算法是否会导致嵌入容量-嵌入失真性能的改善。表 6.3～表 6.5 中,可将每个样本图像的结果作为一对结果 (x_i, y_i),其中 $i \in [1,20]$,x_i,y_i 分别表示所提算法和文献[95]中算法的嵌入容量-嵌入失真性能。于是,差分可由式(6.29)计算:

$$d_i = x_i - y_i \tag{6.29}$$

表 6.3～表 6.5 给出了具有自己样本统计特性的 20 个值的分布,那么这个新的分布可以被认为是一个单样本的 t 检验。因此,在 $\alpha = 0.05$ 水平(95%)下提出备择假设:

$$H_0: \mu_d \leqslant 0, \quad H_1: \mu_d > 0 \tag{6.30}$$

计算方法如表 6.3～表 6.5 所示,其中 $\overline{x_d}$,s_d 分别为均值差和样本方差,按式(6.31)和式(6.32)计算:

$$\overline{x_d} = \frac{1}{n} \sum_{i=1}^{20} d_i \tag{6.31}$$

$$s_d = \sqrt{\frac{1}{n-1} \sum_{i=1}^{20} (d_i - \overline{x_d})^2} \tag{6.32}$$

可以看出,$t_{0.05}(19) = 1.729$,表中的 t 均满足 $t > t_{0.05}(19) = 1.729$。因此,假设 $H_0: \mu_d \leqslant 0$ 被拒绝,假设 $H_1: \mu_d > 0$ 被接受,表明提出算法优于文献[95]的算法。

6.4.4 计算复杂度的评价

本节进一步从计算时间(CT)的角度评价提出的可逆嵌入算法在不同大小图像的实际计算成本,并简要分析提出算法与其他最新算法[26,95,118-120]的实际计算复杂度。基于直方图平移或差分扩展的嵌入过程需要经历3个类似的步骤,也就是说,生成直方图、峰零值对选择和可逆的嵌入,而提出算法直接嵌入多位且嵌入像素不需要前两个步骤,这是提出算法和其他算法的主要区别。对于文献[118]中的算法,因为峰零值对的选择是固定的。对于文献[26]中的算法,修正了信息嵌入和差分扩展规则扩展后的预测错误。文献[95]中的算法不需要前两个步骤,而需要两次嵌入处理。文献[120]中的算法需要预先移动大量的直方图,从而导致了图像出现明显的嵌入失真。对于在文献[119]中的算法采用遗传算法选择峰零值对。所以其他算法的嵌入容量大于所提算法的嵌入容量。

在仿真时,使用不同的有效载荷,即0.2bpp、0.3bpp、0.6bpp,用不同大小的图像测试了所提算法的嵌入容量。在如表6.6所示的实验中,所提算法的参数设置为$T=3$。为了便于比较,从图像库中随机选取了100幅816×616×8位的灰度图像,然后将其转换成512×512×8位和2048×2048×8位的图像进行处理。表6.6总结了所提算法及最新算法在不同载荷下100幅图计算时间的平均值。

表6.6 相关文献中的算法与所提算法的CT的平均值比较

单位:s

测试图像大小/位	EC/bpp	[119]	[95]	[118]	[120]	[26]	Proposed
512×512×8	0.2	1.672	0.883	1.478	1.074	1.221	0.085
	0.3	1.715	0.786	1.561	1.156	1.308	0.091
	0.6	1.823	0.891	1.614	1.118	1.327	0.093
1024×1024×8	0.2	1.918	0.923	1.824	1.175	1.476	0.103
	0.3	1.826	0.956	1.732	1.183	1.517	0.101
	0.6	1.996	1.017	1.807	1.192	1.484	0.099
2048×2048×8	0.2	2.204	1.216	1.972	1.237	1.714	0.121
	0.3	2.187	1.198	1.895	1.308	1.653	0.118
	0.6	2.329	1.249	2.001	1.382	1.826	0.133

结果表明:

(1) 3种方案中CT的平均值基本相同,文献[26,95,118-120]中的算法和提出算法的CT平均值约为1.1s、2.0s、1.8s、1.2s、1.5s和0.1s。

(2) 由于不存在转移过程,提出算法的CT显著小于提前算法。因此,提出算法的计算效率较高。

第 7 章

基于二阶差分的新型大嵌入容量 RDH 算法

7.1 相关研究工作

本节将讨论两种基于差分扩展的大嵌入容量 RDH 算法。

7.1.1 Ou 等人的配对算法

载体图像中的每个像素 x_i 的预测误差计算如下：

$$e_i = x_i - \hat{x}_i \tag{7.1}$$

其中，$\hat{x}_i$ 是用特定策略计算出的 x_i 的预测值。所以，预测误差直方图 (prediction error histogram，PEH) 可以计算如下：

$$h(k) = \# \{1 \leqslant i \leqslant N : e_i = k\} \tag{7.2}$$

其中，$\#$ 为预测错误频率。然后根据式(7.3)将预测误差扩展 e_i，以确定是否嵌入一位信息嵌入一个秘密信息位 b：

$$e' = \begin{cases} 2e_i + b, & e_i \in [-T, T) \\ e_i + T, & e_i \in [T, +\infty) \\ e_i - T, & e_i \in (-\infty, -T) \end{cases} \tag{7.3}$$

其中，T 为控制嵌入容量的整型参数。根据预测误差序列 $(e_1, e_2, \cdots, e_N)$，$Ou^{[121]}$ 等人利用式(7.4)得到了预测误差对序列 $(e'_1, e'_2, \cdots, e'_{\frac{N}{2}})$：

$$e' = (e_{2i-1}, e_{2i}) \tag{7.4}$$

然后，预测误差对序列可由式(7.5)生成二维预测误差直方图(2D-PEH)：

$$h(k_1, k_2) = \# \{1 \leqslant i \leqslant N/2 : e_{2i-1} = k_1, e_{2i} = k_2\} \tag{7.5}$$

Ou 等人通过扩展和平移误差对，利用式(7.3)(其中 $T=1$)将秘密信息位嵌入误差对中，如图 7.1 所示。

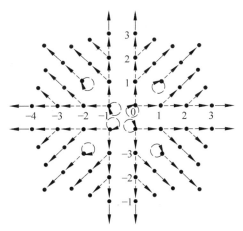

图 7.1 $T=1$ 时 Ou 等人的 PEE 的修改映射

注：虚线箭头表示成对预测误差扩展嵌入，实线箭头表示成对预测误差的平移。

7.1.2 Xiao 等人的配对算法

为了提高嵌入性能，充分利用载体图像的冗余性，Xiao[122] 等人将图 7.1 中的 2D-PEH 划分为 3 个区域：上三角形区域、对角线区域和下三角形区域。然后，通过坐标变换将每个三角形区域转换为一个矩形区域。下面，仅以图 7.1 中 2D-PEH 的第一象限为例，其他象限的坐标变换相同。根据式(7.6)将图 7.2(a)的下三角形区域被变换成图 7.2(b)的矩形区域。

$$\begin{cases} e'_{2i-1} = e_{2i-1} - e_{2i} - 1 \\ e'_{2i} = e_{2i} \end{cases} \tag{7.6}$$

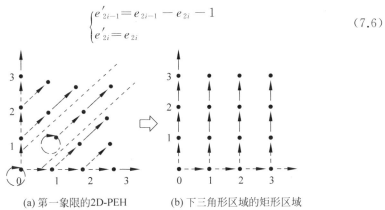

(a) 第一象限的2D-PEH   (b) 下三角形区域的矩形区域

图 7.2 图 7.1 中第一象限的 2D-PEH 及其下三角形区域的矩形区域

7.2 基于二阶差分的 RDH 算法

为了利用预测误差之间的相关性,相关研究中的 2D-PEH 算法在两个方向上扩展或平移直方图,为新算法提供了借鉴。但相关研究中的 PEH 不变,因此它们的嵌入性能没有明显的提高。基于预测误差对算法思想,利用两对差分误差形成二阶差分,得到更陡峭的分布直方图,从而获得更好的嵌入性能。

7.2.1 二阶差分

对于大小为 $w \times h$ 的载体图像 I,其中 w、h 分别为图像 I 的宽、高,大小为 2×2 的滑动窗口 $sw_{i,j}$,按光栅扫描顺序在图像 I 上滑动,如图 7.3 所示。当滑动到像素 $p_{i,j}$ 时,即位置 (i,j),滑动窗口包含 4 个像素($p_{i,j}$,$p_{i,j+1}$,$p_{i+1,j}$,$p_{i+1,j+1}$)。则一阶差分($e_{1_{i,j}}$,$e_{2_{i,j}}$)可由式(7.7)计算:

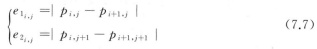

$$\begin{cases} e_{1_{i,j}} = \mid p_{i,j} - p_{i+1,j} \mid \\ e_{2_{i,j}} = \mid p_{i,j+1} - p_{i+1,j+1} \mid \end{cases} \tag{7.7}$$

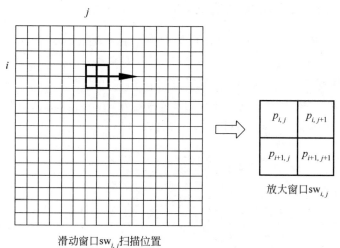

图 7.3 像素 $p_{i,j}$ 的滑动窗口 $sw_{i,j}$

则可按式(7.8)计算二阶差分:

$$d_{i,j} = \mid e_{1_{i,j}} - e_{2_{i,j}} \mid \tag{7.8}$$

设 $k = i(h-1) + j$,则可以得到二阶差分序列($d_{1,1}, d_{1,2}, \cdots, d_{h-1,w-1}$),用

于生成二阶差分直方图（SODH）。按式（7.9）计算统计二阶差分出现频次所对应的 SODH：

$$\mathrm{hs}(k) = \# \{ 1 \leqslant i \leqslant N : d_{i,j} = k \} \tag{7.9}$$

其中，$\#$ 为二阶差分序列的频次。

众所周知，差分直方图分布与嵌入性能之间有很大的关系。SODH 分布越陡峭，图像的嵌入失真越小，即算法的嵌入性能越好。此外，载体图像的 SODH 的陡度可以用标准差表示。根据式（7.1），相关研究的陡度计算如下：

$$\delta_{e_1} = \sqrt{\frac{1}{(w-1) \times (h-1)} \sum_{i=1}^{h-1} \sum_{j=1}^{w-1} (e_{1_{i,j}} - \overline{e_1})^2} \tag{7.10}$$

$$\delta_{e_2} = \sqrt{\frac{1}{(w-1) \times (h-1)} \sum_{i=1}^{h-1} \sum_{j=1}^{w-1} (e_{2_{i,j}} - \overline{e_2})^2} \tag{7.11}$$

式中 $\overline{e_1}$ 及 $\overline{e_2}$ 分别为一阶差分序列（$e_{1_{1,1}}, e_{1_{1,2}}, \cdots, e_{1_{h-1,w-1}}$）及（$e_{2_{1,1}}, e_{2_{1,2}}, \cdots, e_{2_{h-1,w-1}}$）的均值。由式（7.8），新算法的陡度计算如下：

$$\delta_d = \sqrt{\frac{1}{(w-1) \times (h-1)} \sum_{i=1}^{h-1} \sum_{j=1}^{w-1} (d_{i,j} - \overline{d})^2} \tag{7.12}$$

其中，$\overline{d}$ 为二阶差分序列（$d_{1,1}, d_{1,2}, \cdots, d_{h-1,w-1}$）的均值。

二阶差分利用了 4 个相邻像素之间的相关性，而一阶差分只利用了两个相邻像素之间的相关性，所以二阶差分的相关性高于一阶差分。为了进一步提高相关性，一些文献利用了菱形预测误差，但当扩展直方图时，像素值会发生很大的变化，这将增加载体图像的失真。例如，对于大小为 512×512 像素的标准灰度图像 Surveyor，其一阶相邻像素预测误差、菱形预测误差和二阶差分的标准差分别为 71.9、26.0、39.2。对 Surveyor 图像的 PEH 和 SODH 进行测试，如图 7.4 所示。二阶差的标准差大于菱形预测误差的标准差，其直方图接近于菱形预测误差的直方图，菱形预测误差只能向一个方向扩展，这会使像素发生较大的变化，而二阶差分可以采用如下的双向展开嵌入方法，所以它的失真度很低。

7.2.2 双向差分扩展和嵌入

基于 SODH，选择一些最高的直方图箱值进行扩展嵌入，而平移其他箱值以创建空位，因此对于每个二阶差 $d_{i,j}$，标记的二阶差 $d'_{i,j}$ 按式（7.13）计算：

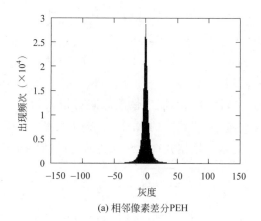

(a) 相邻像素差分PEH

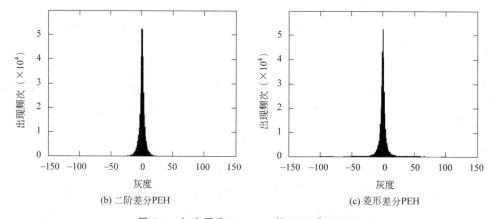

(b) 二阶差分PEH   (c) 菱形差分PEH

图 7.4   灰度图像 Surveyor 的 PEH 和 SODH

$$d'_{i,j} = \begin{cases} 2d_{i,j} + b, & 0 \leqslant d_{i,j} \leqslant T \\ d_{i,j} + T + 1, & d_{i,j} > T \end{cases} \tag{7.13}$$

其中,$b \in \{0,1\}$ 为要嵌入的秘密信息位,阈值 T 为控制嵌入容量的非负整型参数。为进一步减小嵌入过程中的失真,将扩展后的差分分成两半,分别赋给一阶差分较大的像素对,如图 7.5 所示。因此,可由式(7.8)计算两像素对形成的二阶差分 $d_{i,j}$。

为了将二阶差分转化为偶数来嵌入秘密信息位,将一阶差分较大的像素对在两个方向上扩展为二阶差分的一半。

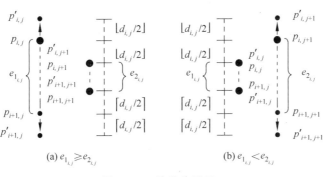

(a) $e_{1_{i,j}} \geqslant e_{2_{i,j}}$ (b) $e_{1_{i,j}} < e_{2_{i,j}}$

图 7.5　二阶差分展开

$$(p'_{i,j}, p'_{i+1,j}) = \begin{cases} (p_{i,j}, p_{i+1,j}), & e_{1_{i,j}} < e_{2_{i,j}} \\ \left(p_{i,j} + \left\lfloor \dfrac{d_{i,j}}{2} \right\rfloor + b, p_{i+1,j} - \left\lceil \dfrac{d_{i,j}}{2} \right\rceil \right), & e_{1_{i,j}} \geqslant e_{2_{i,j}}, p_{i,j} \geqslant p_{i+1,j}, 0 \leqslant d_{i,j} \leqslant T \\ \left(p_{i,j} - \left\lfloor \dfrac{d_{i,j}}{2} \right\rfloor - b, p_{i+1,j} + \left\lceil \dfrac{d_{i,j}}{2} \right\rceil \right), & e_{1_{i,j}} \geqslant e_{2_{i,j}}, p_{i,j} < p_{i+1,j}, 0 \leqslant d_{i,j} \leqslant T \\ \left(p_{i,j} + \left\lfloor \dfrac{T}{2} \right\rfloor + 1, p_{i+1,j} - \left\lceil \dfrac{T}{2} \right\rceil \right), & e_{1_{i,j}} \geqslant e_{2_{i,j}}, p_{i,j} \geqslant p_{i+1,j}, d_{i,j} > T \\ \left(p_{i,j} - \left\lfloor \dfrac{T}{2} \right\rfloor - 1, p_{i+1,j} + \left\lceil \dfrac{T}{2} \right\rceil \right), & e_{1_{i,j}} \geqslant e_{2_{i,j}}, p_{i,j} < p_{i+1,j}, d_{i,j} > T \end{cases}$$

$$(7.14)$$

$$(p'_{i,j+1}, p'_{i+1,j+1}) =$$

$$\begin{cases} (p_{i,j+1}, p_{i+1,j+1}), & e_{1_{i,1}} < e_{2_{i,j}} \\ \left(p_{i,j+1} + \left\lfloor \dfrac{d_{i,j}}{2} \right\rfloor + b, p_{i+1,j+1} - \left\lceil \dfrac{d_{i,j}}{2} \right\rceil \right), & e_{1_{i,1}} < e_{2_{i,j}}, p_{i,j+1} \geqslant p_{i+1,j+1}, 0 \leqslant d_{i,j+1} \leqslant T \\ \left(p_{i,j+1} - \left\lfloor \dfrac{d_{i,j}}{2} \right\rfloor - b, p_{i+1,j+1} + \left\lceil \dfrac{d_{i,j}}{2} \right\rceil \right), & e_{1_{i,1}} < e_{2_{i,j}}, p_{i,j} < p_{i+1,j+1}, 0 \leqslant d_{i,j} \leqslant T \\ \left(p_{i,j+1} + \left\lfloor \dfrac{T}{2} \right\rfloor + 1, p_{i+1,j+1} - \left\lceil \dfrac{T}{2} \right\rceil \right), & e_{1_{i,1}} < e_{2_{i,j}}, p_{i,j} \geqslant p_{i+1,j+1}, d_{i,j} > T \\ \left(p_{i,j+1} - \left\lfloor \dfrac{T}{2} \right\rfloor - 1, p_{i+1,j+1} + \left\lceil \dfrac{T}{2} \right\rceil \right), & e_{1_{i,1}} < e_{2_{i,j}}, p_{i,j} < p_{i+1,j+1}, d_{i,j} > T \end{cases}$$

$$(7.15)$$

　　基于这种嵌入方法,部分标记的像素可能超出灰度图像像素的范围[0,255]。这意味着它们遇到过上溢或下溢问题。为简便起见,新算法采用了与文献[121]中算法相同的方法处理上溢和下溢问题。

7.2.3　双向差分压缩和提取

同样,对于大小为 $w \times h$ 的隐秘图像 I',其中 w 和 h 分别为 I' 的宽度和高度,大小为 2×2 滑动窗口 $\mathrm{sw}_{i,j}$ 以与图 7.3 相反的顺序在图像 I' 上滑动。当滑到位于 (i,j) 的隐秘像素 $p'_{i,j}$ 时,滑动窗口包含 4 个像素点 $(p'_{i,j}, p'_{i,j+1}, p'_{i+1,j}, p'_{i+1,j+1})$。因此隐秘差分对 $(e_{1'_{i,j}}, e_{2'_{i,j}})$ 可按式(7.16)计算:

$$\begin{cases} e_{1'_{i,j}} = |\, p'_{i,j} - p'_{i+1,j}\,| \\ e_{2'_{i,j}} = |\, p'_{i,j+1} - p'_{i+1,j+1}\,| \end{cases} \tag{7.16}$$

然后可按式(7.17)得到二阶差分:

$$d'_{i,j} = |\, e_{1'_{i,j}} - e_{2'_{i,j}}\,| \tag{7.17}$$

根据图 7.5,在嵌入秘密信息位之前,扩展后的差分 $d'_{i,j}$ 必定是偶数,因为两个方向的差值是原来的两倍。根据式(7.14)和式(7.15),如果嵌入一个秘密信息位 1,它一定是奇数。因此,如果隐秘二阶差分 $0 \leqslant d'_{i,j} \leqslant 2T+1$,可按式(7.18)提取嵌入的秘密信息位并压缩隐秘二阶差分 $d'_{i,j}$:

$$\begin{cases} b = \mathrm{mod}(d'_{i,j}, 2) \\ d_{i,j} = \lfloor d'_{i,j}/2 \rfloor \end{cases} \tag{7.18}$$

函数 $\mathrm{mod}(x,y)$ 返回 x 除以 y 后的模,则可以将载体图像像素恢复为

$$(p_{i,j}, p_{i+1,j}) = \begin{cases} (p'_{i,j}, p'_{i+1,j}), & e_{1'_{i,j}} < e_{2'_{i,j}} \\ \left(p'_{i,j} - \left\lfloor \dfrac{d_{i,j}}{2} \right\rfloor - b, p'_{i+1,j} + \left\lceil \dfrac{d_{i,j}}{2} \right\rceil\right), & e_{1'_{i,j}} \geqslant e_{2'_{i,j}}, p'_{i,j} \geqslant p'_{i+1,j}, 0 \leqslant d'_{i,j} \leqslant 2T+1 \\ \left(p'_{i,j} + \left\lfloor \dfrac{d_{i,j}}{2} \right\rfloor + b, p'_{i+1,j} - \left\lceil \dfrac{d_{i,j}}{2} \right\rceil\right), & e_{1'_{i,j}} \geqslant e_{2'_{i,j}}, p'_{i,j} < p'_{i+1,j}, 0 \leqslant d'_{i,j} \leqslant 2T+1 \\ \left(p'_{i,j} - \left\lfloor \dfrac{T}{2} \right\rfloor - 1, p'_{i+1,j} + \left\lceil \dfrac{T}{2} \right\rceil\right), & e_{1'_{i,j}} \geqslant e_{2'_{i,j}}, p'_{i,j} \geqslant p_{i+1,j}, d'_{i,j} > 2T \\ \left(p'_{i,j} + \left\lfloor \dfrac{T}{2} \right\rfloor + 1, p'_{i+1,j} - \left\lceil \dfrac{T}{2} \right\rceil\right), & e_{1'_{i,j}} \geqslant e_{2'_{i,j}}, p'_{i,j} < p'_{i+1,j}, d'_{i,j} > 2T \end{cases}$$

$$\tag{7.19}$$

$$(p_{i,j+1},p_{i+1,j+1})=\begin{cases}(p'_{i,j+1},p'_{i+1,j+1}), & e_{1'_{i,j}}<e_{2'_{i,j}}\\[2ex](p'_{i,j+1}-\left\lfloor\dfrac{d_{i,j}}{2}\right\rfloor-b,p'_{i+1,j+1}+\left\lceil\dfrac{d_{i,j}}{2}\right\rceil), & e_{1'_{i,j}}<e_{2'_{i,j}},p'_{i,j+1}\geqslant p'_{i+1,j+1},0\leqslant d'_{i,j+1}\leqslant 2T+1\\[2ex](p'_{i,j+1}+\left\lfloor\dfrac{d_{i,j}}{2}\right\rfloor+b,p'_{i+1,j+1}-\left\lceil\dfrac{d_{i,j}}{2}\right\rceil), & e_{1'_{i,j}}<e_{2'_{i,j}},p'_{i,j}<p'_{i+1,j+1},0\leqslant d'_{i,j}\leqslant 2T+1\\[2ex](p'_{i,j+1}-\left\lfloor\dfrac{T}{2}\right\rfloor-1,p'_{i+1,j+1}+\left\lceil\dfrac{T}{2}\right\rceil), & e_{1'_{i,j}}<e_{2'_{i,j}},p'_{i,j}\geqslant p'_{i+1,j+1},d'_{i,j}>2T\\[2ex](p'_{i,j+1}+\left\lfloor\dfrac{T}{2}\right\rfloor+1,p'_{i+1,j+1}-\left\lceil\dfrac{T}{2}\right\rceil), & e_{1'_{i,j}}<e_{2'_{i,j}},p'_{i,j}<p'_{i+1,j+1},d'_{i,j}>2T\end{cases}$$

$$(7.20)$$

7.2.4 嵌入容量和嵌入失真

对于像素 $p_{i,j}$,嵌入 1 位信息后 $d_{i,j}$ 可能改变,其值增加或减少的概率分别为 50%。根据上述的嵌入过程,如式(7.14)、式(7.15)所示,当 $d_{i,j}=k\in[0,T]$ 时,可以将一位信息嵌入到两个像素中,因此嵌入容量(EC)可以近似为

$$EC=\sum_{k=0}^{T}hs(k) \qquad (7.21)$$

其中 $hs(k)$ 是二阶差分出现的次数,如式(7.9)所示。在概率上,嵌入位中有一半为"0",另一半为"1"。因此,其嵌入失真(ED)可近似为

$$\begin{aligned}ED&=\sum_{k=0}^{T}\frac{1}{2}\left\{\left(\left\lfloor\frac{k}{2}\right\rfloor^2+\left\lceil\frac{k}{2}\right\rceil^2\right)+\left[\left(\left\lfloor\frac{k}{2}\right\rfloor+1\right)^2+\left\lceil\frac{k}{2}\right\rceil^2\right]\right\}\times hs(k)+T^2\sum_{k=T+1}^{+\infty}hs(k)\\&=\sum_{k=0}^{T}\left\{\frac{1}{2}\left[\left\lfloor\frac{k}{2}\right\rfloor^2+\left(\left\lfloor\frac{k}{2}\right\rfloor+1\right)^2\right]+\left\lceil\frac{k}{2}\right\rceil^2\right\}\times hs(k)+T^2\sum_{k=T+1}^{+\infty}hs(k)\end{aligned} \qquad (7.22)$$

7.2.5 嵌入算法

【算法 7.1】 给定灰度图像 I 和一个非负整型参数 T,算法 7.1 为所用的嵌入算法。

(1) *Algorithm 7.1 The embedding algorithm*

Step 1 It scans images I in raster scanning order.

Step 2 For the current pixel $p_{i,j}$ and its corresponding pixelblock $(p_{i,j},p_{i+1,j},p_{i,j+1},p_{i+1,j+1})$, its first-order differences $(e_{1_{i,j}},e_{2_{i,j}})$ are obtained by Eq.(7.7).

Step 3 For the current pixel $p_{i,j}$, its second-order difference $d_{i,j}$ is obtained by Eq. (7.8).

Step 4 It continues with steps 2-3 until all the pixels have been calculated.

Step 5 The SODH of cover image I is obtained by Eq.(7.9)

Step 6 According to this SODH, the threshold value T is determined with Eq.(7.21). (Note: as Eq. (7.21) is an approximate equation, the selected value for T in step 6 should be 1 or 2 bigger than that from Eq. (7.21))

Step 7 It scans image I again in raster scanning order.

Step 8 For the current pixel $p_{i,j}$ and its second-order difference $d_{i,j}$, the corresponding marked pixels are calculated with Eq. (7.14) and (7.15).

Step 9 It continues to calculate all the pixels according to step 7, and finally we get the marked image I'.

为了理解算法的嵌入过程,从 Surveyor 图像中选取大小为 10×10 的图像块来嵌入信息位,如 7.6 所示(此处的图 Surveyor 仅为示意图)。如图 7.6(a)所示为 Surveyor 图像中帽子的图像块,块中的前 3 个实例如下,其中 $T=5$。

【例 7.1】 $e_{1_{1,1}}$ 和 $e_{2_{1,1}}$ 为像素 $p_{1,1}$ 的一阶差分,其中 $e_{1_{1,1}}=|86-84|=2$,$e_{2_{1,1}}=|107-77|=30$,因此其二阶差分位 $d_{1,1}=|2-30|=28$。由式(7.14)和式(7.15),其二阶差大于阈值 T,所以计算隐秘像素为 $p'_{1,1}=p_{1,1}=86$,$p'_{2,1}=p_{2,1}=84$,$p'_{1,2}=p_{1,2}+\lfloor T/2 \rfloor+1=107+2+1=110$,$p'_{2,2}=p_{2,2}-\lceil T/2 \rceil=77-3=74$。在这里,没有嵌入任何信息。注意,在图 7.6(d)中,像素 $p_{2,2}$ 被修改为 87,因为在扫描第二行时需要再次计算。

86	107	104	111	118	125	124	112	106	97
84	77	65	76	111	115	123	129	127	122
61	80	81	57	77	107	120	114	137	147
51	72	94	87	65	53	63	61	83	106
50	54	58	97	98	58	44	44	72	92
42	44	47	64	87	99	58	47	65	94
40	54	47	73	56	81	88	59	56	89
45	40	58	66	47	48	56	57	49	83
50	44	49	69	53	53	54	49	49	77
51	47	43	76	42	44	45	38	51	65

(a) 来自图像Surveyor的图像块

图 7.6 当 $T=5$ 时的一个例子

2	36	43	35	7	14	1	23	21
23	6	27	16	40	3	3	25	10
7	10	7	36	6	60	57	47	60
1	21	42	4	39	10	22	17	5
8	7	5	39	17	47	20	6	8
1	17	0	21	37	24	30	12	6
5	26	11	10	3	39	37	5	8
5	16	10	6	6	12	1	14	2
1	5	4	10	13	15	9	5	2

30	39	35	7	10	1	17	21	25
6	21	16	34	3	3	19	10	23
8	7	30	6	54	57	47	54	44
15	36	4	33	10	16	17	5	14
7	5	33	17	41	20	6	7	5
11	0	15	31	24	27	12	6	5
20	11	0	3	33	37	5	6	6
10	10	6	6	9	1	8	2	6
3	4	7	11	14	9	5	2	10

(b) 式 (7.7) 中的差分 $e_{1_{i,j}}$ 和 $e_{2_{i,j}}$

28	3	8	28	3	13	16	2	4
17	15	11	18	37	0	16	15	13
1	3	23	30	48	3	10	7	16
14	15	38	29	29	6	5	12	9
1	2	28	22	24	27	14	1	3
10	17	15	10	13	3	18	6	1
15	15	1	7	30	2	32	1	2
5	6	4	0	3	11	7	12	4
2	1	3	1	1	6	4	3	8

x	1	x	x	1	x	x	0	0
x	x	x	x	x	1	x	x	x
1	x	x	x	0	x	x	x	x
x	x	x	x	x	0	x	x	x
1	0	x	x	x	x	x	0	1
x	x	1	x	x	x	0	1	0
x	x	x	x	x	0	x	1	0
1	x	x	x	0	x	x	x	0
0	0	0	0	0	1	0	x	x

(c) 式 (7.8) 中的二阶差分 $d_{i,j}$ 和秘密信息 b,其中 x 表示没有任何信息位

86	110	109	114	118	130	124	108	106	95
87	74	54	73	117	111	123	139	127	121
58	83	87	51	71	111	123	108	143	150
51	72	100	93	59	48	65	64	77	109
51	52	52	103	104	52	35	41	74	89
41	37	47	55	93	105	57	44	62	94
40	66	46	79	50	85	96	62	57	89
45	28	62	63	7	40	53	63	47	85
50	51	47	68	54	61	57	44	49	78
51	45	43	78	41	40	43	36	51	62

(d) 式 (7.14) 和式 (7.15) 的嵌入结果

图 7.6 (续)

【例 7.2】 例 7.1 可知,像素 $p_{1,2}=107$ 及 $p_{2,2}=77$ 已被修改为 $p_{1,2}=110$ 及 $p_{2,2}=74$。对像素 $p_{1,2}$ 的一阶差分 $e_{1,j}$ 和 $e_{2_{1,2}}$ 为 $e_{1_{1,2}}=|110-74|=36$ 和

$e_{2_{1,2}} = |104 - 65| = 39$，因此其二阶差分位 $d_{1,2} = |36 - 39| = 3$。由式（7.14）和式（7.15），其二阶差小于阈值 T，所以计算隐秘像素为 $p'_{1,2} = p_{1,2} = 110$，$p'_{2,2} = p_{2,2} = 74$，$p'_{1,3} = p_{1,3} + \lfloor d_{1,2}/2 \rfloor + b = 104 + 1 + 1 = 106$，$p'_{2,3} = p_{2,3} - \lceil d_{1,2}/2 \rceil = 65 - 2 = 63$。在这里，嵌入信息位"1"。

【例 7.3】 由例 7.2 可知，像素 $p_{1,3} = 104$ 及 $p_{2,3} = 65$ 已被修改为 $p_{1,3} = 106$ 及 $p_{2,3} = 63$。$e_{1_{1,3}}$ 和 $e_{2_{1,3}}$ 为对像素 $p_{1,3}$ 的一阶差分，其中 $e_{1_{1,3}} = |106 - 63| = 43$ 和 $e_{2_{1,3}} = |111 - 76| = 35$，因此，其二阶差分位 $d_{1,3} = |43 - 35| = 8$。由式（7.14）和式（7.15），其二阶差大于阈值 T，所以计算隐秘像素为 $p'_{1,3} = p_{1,3} + \lfloor T/2 \rfloor + 1 = 106 + 2 + 1 = 109$，$p'_{2,3} = p_{2,3} - \lceil T/2 \rceil = 63 - 3 = 60$，$p'_{1,4} = 111$，$p'_{2,4} = 76$。在这里，没有嵌入任何信息。

继续这样做，嵌入结果如图 7.6 所示。由式（7.7）计算的一阶差分 $e_{1_{i,j}}$ 和 $e_{2_{i,j}}$ 结果如图 7.6(b)所示，由式（7.8）计算的二阶差分 $d_{i,j}$ 结果如图 7.6(c)所示。如果随机生成的信息位为如图 7.6(c)所示数据，则由式（7.14）和式（7.15）嵌入的结果如图 7.6(d)所示。

7.2.6 提取算法

【算法 7.2】 在接收到隐秘灰度图像 I' 后，提取信息位，算法 7.2 为还原载体图像 I 所用的提取算法。

Algorithm 7.2 *The extracting algorithm*

Step 1 It scans the marked image I' in the reverse order of fig.7.3

Step 2 For the current marked pixel $p'_{i,j}$ and its corresponding pixel block ($p'_{i,j}$, $p'_{i+1,j}$, $p'_{i,j+1}$, $p'_{i+1,j+1}$), its first-orderdifferences ($e_{1'_{i,j}}$, $e_{2'_{i,j}}$) are obtained by Eq.(7.16).

Step 3 For the current marked pixel $p'_{i,j}$, its second-orderdifference $d'_{i,j}$ is obtained by Eq.(7.17).

Step 4 The embedded bit b is extracted and the second-order difference $d_{i,j}$ is compressed respectively with Eq.(7.18).

Step 5 The cover pixels can be restored with Eq.(7.19) and (7.20).

Step 6 It continues with steps 1-4 until all the pixels have been calculated.

Step 7 The cover image I and embedded bits of information are obtained.

为了了解新算法的提取过程,取 Surveyor 图像中的上述像素块提取信息位,并恢复载体像素块,如图 7.6 所示。图 7.6(a)所示为 Surveyor 图像中帽子的一个图像块,块中最后 3 个示例如下,其中阈值 $T=5$。

【例 7.4】 由以上嵌入实例,当前隐秘像素为第三个像素 $p'_{1,3}$,其相应的像素块($p'_{1,3}$,$p'_{2,3}$,$p'_{1,4}$,$p'_{2,4}$)为(109,60,111,76)。因此,其一阶差分 $e_{1'_{1,3}}$ 及 $e_{2'_{1,3}}$ 由式(7.16)分别得 $e_{1'_{1,3}}=\text{abs}(109-60)=49$ 及 $e_{2'_{1,3}}=|111-76|=35$。由式(7.17),其二阶差分为 $d'_{1,3}=|49-35|=14$,大于 $2T$。由式(7.18)可知,没有信息可提取。由式(7.19)及式(7.20),载体像素分别恢复为 $p_{1,3}=p'_{1,3}-\lfloor T/2 \rfloor-1=109-2-1=106$、$p_{2,3}=p'_{2,3}+\lfloor T/2 \rfloor=60+3=63$、$p_{1,4}=p'_{1,4}=111$ 及 $p_{2,4}=p'_{2,4}=76$。

【例 7.5】 由例 7.4,像素 $p'_{1,3}$ 和 $p'_{2,3}$ 分别为 106 和 63,故当前隐秘像素为第二个像素 $p'_{1,2}$,其相应的像素块($p'_{1,2}$、$p'_{2,2}$、$p'_{1,3}$、$p'_{2,3}$)为(110,74,106,63),故其一阶差分 $e_{1'_{1,2}}$ 及 $e_{2'_{1,2}}$ 由式(7.16)分别得 $e_{1'_{1,2}}=|107-74|=33$ 及 $e_{2'_{1,2}}=|106-63|=43$。由式(7.17),其二阶差分为 $d'_{1,2}=|36-43|=7$,小于 $2T$。由式(7.18)可知,可提取出一位信息 $b=\text{mod}(7,2)=1$。由式(7.19)及式(7.20),载体像素分别恢复为 $p_{1,2}=p'_{1,2}=110$、$p_{2,2}=p'_{2,2}=74$、$p_{1,3}=p'_{1,3}-\lfloor d_{1,2}/2 \rfloor-b=106-1-1=104$ 及 $p_{2,3}=p'_{2,3}+\lceil d_{1,2}/2 \rceil=63+2=65$。

【例 7.6】 由例 7.5,像素 $p'_{1,2}$ 和 $p'_{2,2}$ 分别为 104 和 65,故当前隐秘像素为第一个像素 $p'_{1,1}$,其相应的像素块($p'_{1,1}$、$p'_{2,1}$、$p'_{1,2}$、$p'_{2,2}$)为(86,84,110,74)。因此,其一阶差分 $e_{1'_{1,1}}$ 及 $e_{2'_{1,1}}$ 由式(7.16)分别得 $e_{1'_{1,1}}=|86-84|=2$ 及 $e_{2'_{1,1}}=|110-74|=36$。由式(7.17),其二阶差分为 $d'_{1,1}=|2-36|=34$,大于 $2T$。由式(7.18)可知,没有任何信息位可提取。由式(7.19)及式(7.20),载体像素分别恢复为 $p_{1,1}=p'_{1,1}=86$、$p_{2,1}=p'_{2,1}=84$、$p_{1,2}=p'_{1,2}-\lfloor T/2 \rfloor-1=110-2-1=107$ 及 $p_{2,2}=p'_{2,2}+\lceil T/2 \rceil=74+3=77$。

7.3 算法探讨

算法使用峰值信噪比(PSNR)来评价 RDH 算法的性能。均方误差(MSE)可计算为

$$\text{MSE}=\frac{1}{WH}\sum_{i=0}^{W-1}\sum_{j=0}^{H-1}(p'_{i,j}-p_{i,j})^2 \tag{7.23}$$

因此,PSNR 可以计算为

$$PSNR = 10\lg \frac{255^2}{MSE} = 20\lg \frac{255}{\sqrt{MSE}}$$
(7.24)

7.3.1 阈值 T

如图 7.4(b)、式(7.14) 和式(7.15)所示,提出的算法的 EC 和 PSNR 取决于参数 T。选取 8 幅标准 512×512 灰度图像(Surveyor、Pepper、Bird、Baboon、Barbara、Chimney、House 和 Beach)来测试 T、EC 和 PSNR 的关系,实验结果如表 7.1 所示。

表 7.1 提出的算法对标准图像分析阈值 T 和 EC 的关系

图 像	PSNR 和 EC	$T=1$	$T=5$	$T=10$	$T=15$	$T=20$
Surveyor	EC/bpp	108 236	212 024	242 719	252 279	256 408
	PSNR/dB	50	44	41.2	40.4	39.7
Pepper	EC/bpp	68 111	178 211	231 607	249 057	255 235
	PSNR/dB	49	42	39.6	38.8	38.2
Bird	EC/bpp	136 779	226 656	246 210	252 112	254 941
	PSNR/dB	50	45	42.4	41.3	40.3
Baboon	EC/bpp	30 776	96 457	149 068	181 589	203 086
	PSNR/dB	49	40	36	34.1	32.5
Barbara	EC/bpp	97 157	184 024	215 188	230 996	241 174
	PSNR/dB	50	43	39.2	37.5	36.3
Chimney	EC/bpp	69 626	159 073	197 933	216 397	228 058
	PSNR/dB	49	42	38	36.3	34.8
House	EC/bpp	42 203	117 978	169 470	197 940	215 307
	PSNR/dB	49	41	36.7	35	33.5
Beach	EC/bpp	96 968	194 272	232 705	247 125	253 462
	PSNR/dB	50	43	39.9	38.9	38.1

以图像 Surveyor 为例,阈值 T 分别为 1、5、10、15 和 20 时,EC 分别为 108 236bpp、212 024bpp、242 719bpp、252 279bpp 和 256 408bpp,PSNR 分别为 50dB、44dB、41.2dB、40.4dB 和 39.7dB。EC 随着 T 的增加而增加,增长速度比

T 慢,而 PSNR 随 T 的增加而减少,但下降速度比 T 慢。在所选取的 8 幅标准图像 Surveyor、Pepper、Bird、Baboon、Barbara、Chimney、House 及 Beach 的其他图像上进行实验也得到了同样的结果。

为了进一步观察这一关系,选择 8 幅标准图像中的 4 幅,在更多的 T 值条件下进行进一步实验,结果如图 7.7 所示。当 $T \leqslant 3$ 时,EC 随着 T 的增加而迅速增加,PSNR 随着 T 的增加而迅速减少;当 $T > 3$ 时,EC 随着 T 的增加而缓慢增加,PSNR 随着 T 的增加而缓慢降低。对于大多数应用程序,$T \leqslant 3$ 足够了。

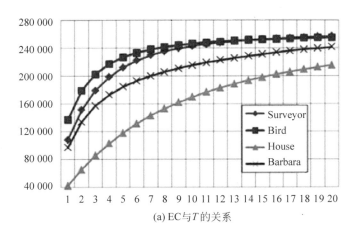

(a) EC与T的关系

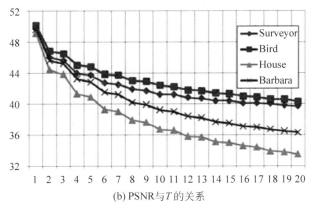

(b) PSNR与T的关系

图 7.7　4 幅标准图像实验分析 T 对提出算法的影响

7.3.2　有限载荷嵌入

在应用程序中,载荷嵌入容量(EC)通常是有限的,其对应的嵌入失真(ED)需要最小化。根据式(7.21)和式(7.22),提出算法可看成是以下优化问题:

$$
\begin{cases}
\min \mathrm{ED} = \displaystyle\sum_{k=0}^{T} \left\{ \frac{1}{2}\left[\left\lfloor \frac{k}{2} \right\rfloor^2 + \left(\left\lfloor \frac{k}{2} \right\rfloor + 1 \right)^2 \right] + \left\lceil \frac{k}{2} \right\rceil^2 \right\} \mathrm{hs}(k) + T^2 \displaystyle\sum_{k=T+1}^{+\infty} \mathrm{hs}(k) \\
\mathrm{s.t.} \quad \displaystyle\sum_{k=0}^{T} \mathrm{hs}(k) \geqslant \mathrm{EC}
\end{cases}
$$

$$(7.25)$$

对于给定的载荷嵌入容量,同时最小化嵌入失真的最优化问题是确定最小阈值 T。以 Surveyor 为例,如表 7.1 和图 7.7 所示,EC 分别为 95 000bpp、110 000bpp 和 250 000bpp 时,T 分别为 1、5 和 15。

7.4　实验与分析

为了评价提出的算法的性能,在所选的 8 幅大小为 512×512 的标准灰度图像 Surveyor、Pepper、Bird、Baboon、Barbara、Chimney、House 及 Beach 和从 10 000 幅的图像库中随机选取 100 幅大小为 816×616 像素的灰度图像上进行实验。实验之前,将把所有的彩色图像转换成灰度图像。实验硬件是一台主频为 3.4GHz,内存为 4.0GB 的计算机。实验中的秘密位是用伪随机数发生器生成的。为了证明所提算法的优越性,将其与 7 种 RDH 算法[60,122-125]进行比较。

7.4.1　相同载荷下的峰值信噪比比较

由于 PSNR 可以客观地反映嵌入图像的质量,故将提出算法与目前先进的算法在相同嵌入容量时对不同图像的 PSNR 进行了比较。这些算法的失真性能如表 7.2 所示,其中 EC 为 30 000bpp 和 60 000bpp。对于每一种算法,不同的图像可以嵌入不同的 EC,例如,当 EC 为 30 000bpp 时,文献[60]中算法的 PSNR 分别是 55.9dB、52.0dB、57.8dB、47.1dB、54.4dB、54.8dB、48.8dB 和 58.5dB 分别和提出算法的 PSNR 值分别是 55.9dB、53.2dB、58.5dB、49.0dB、55.3dB、56.4dB、50.2dB 和 60.0dB。图像越平滑,每种算法嵌入性能越好。例如,对文献[123]中算法,当 EC 为 60 000bpp 时,图像 Beach 和 Baboon 的 PSNR 分别为 39.5dB 和 33.2dB,也就是说隐秘图像 Beach 的质量高于隐秘图像 Baboon 的质量,因为当图像 Beach 比图像 Baboon 更平滑,其他算法也有相同的结果。但对于相同的图像,在嵌入容量相同时,提出算法比其他算法的 PSNR 更高,例如,图像 Pepper 在 EC 为 60 000bpp 时,文献[60,123]中算法及 所提算法的 PSNR 分别为 31.1dB、45.7dB 和 49.7dB,而文献[122,124-125]中 的算法不能嵌入 60 000bpp。为了证明所提算法的优越性能,计算了在嵌入容 量为 30 000bpp 时这 8 幅标准图像的平均嵌入性能,如表 7.2 最后一列所示,平 均 PSNR 分别为 40.80dB、52.84dB、53.66dB、53.32dB、53.82dB 和 54.81dB。结 果表明,所提算法比其他算法的 PSNR 分别提高了 34.3%、4.7%、2.1%、2.8% 和 1.8%。因此,提出算法优于其他算法。

表 7.2　嵌入容量为 30 000bpp 及 60 000bpp 时不同图像的 PSNR

单位:dB

算法对应的文献	EC/1×10⁴bpp	Surveyor	Pepper	Bird	Baboon	Barbara	Chimney	House	Beach	Average
[123]	3	45	33	47	36.8	38.6	39.7	38.4	47.9	40.8
	6	39	31	41	33.2	35.2	35.7	34.8	39.5	36.18
[122]	3	55	52	58	46	55.2	51.7	49.6	54.6	52.84
	6	51	N	54	N	47.4	N	N	N	50.73
[60]	3	56	52	58	47.1	54.4	54.8	48.8	58.5	53.66
	6	50	46	52	401	51	48.9	42.1	50.2	47.4
[124]	3	54	52	57	N	54	N	47.8	54.5	53.32
	6	N	N	53	N	N	N	N	N	N
[125]	3	55	52	57		52.4	50.8		55.3	53.82
	6	N	N	N		N	N		N	N
Proposed	3	56	53	59	49	55.3	56.4	50.2	60	54.81
	6	52	50	54	43.8	52	51	44.7	51.2	51.1

注:N 表示 EC 值过大,不能嵌入。

7.4.2　不同载荷下的峰值信噪比比较

下面,继续将所提算法与这 5 种 RDH 算法的性能进行比较。如图 7.8 所 示,该方法的曲线不是很光滑,在某些点上会有跳跃。例如,在 Surveyor 和 Pepper 图像中,在嵌入容量为 9×10⁴bpp 和 6×10⁴bpp 时,这些点两侧的斜率 变化很大。这是因为,对于一个特定的图像,对于某个 T 值,EC 在这些点处达到最大值,为了增加 EC,必须增加 T 的值。虽然有些算法偶尔在一些图像上性能由于提出该算法,例如,在图 7.8 中所示的图像 Pepper 和 Baboon,当嵌入容量 $2×10^4$ bpp 时,文献[60]中的算法优于所提算法,而 $2×10^4$ bpp 的嵌入容量可以满足大多数应用程序的需求。对于大多数图像,所提算法的曲线位于其他算法曲线的顶部,这表明提出算法的嵌入性能优于其他算法。为了证明性能的优越性,继续从图像数据库中随机选取 100 幅图像进行实验,并求性能的平均值,如图 7.9 所示,结果相同。

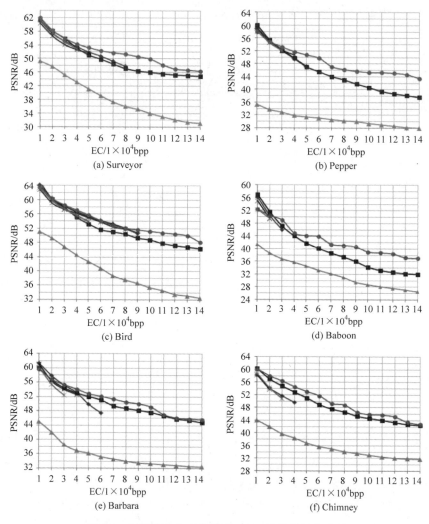

图 7.8　所提算法与其他相关 RDH 算法的性能比较

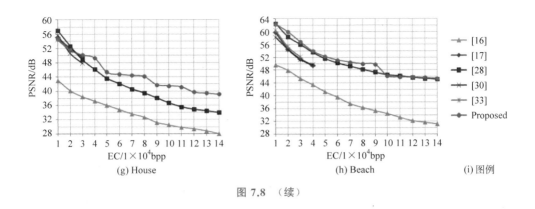

(g) House (h) Beach (i) 图例

图 7.8 （续）

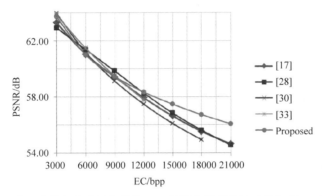

图 7.9 从图像数据库中随机选取 100 幅图像进行平均性能与低 EC 的比较

由图 7.8 和图 7.9 可知，文献[124-125]中算法的嵌入容量小于 2×10^4 bpp，文献[17]中算法的嵌入容量小于 6104bpp。同时，文献[124-125]中算法的曲线在提出算法曲线的下方。对于文献[122]中的算法，它扩展了一个特定的 2D-PEH 来进行嵌入，PEH 需要满足两个条件来嵌入信息位，所以它的嵌入容量较低。而在嵌入后，每个维度都被修改了，因此嵌入失真较大。在文献[124]中使用了 Fuzzy C-means（FCM）聚类方法对多个直方图进行分类，聚类中只有部分可以进行嵌入，因此嵌入容量较低。而对于文献[125]中的算法，像素块被划分为高度相关和低相关的平滑块，低相关块的利用率较低，因此也同文献[124]中的算法一样具有较低的嵌入容量。在文献[124-125]的算法都使用了多层嵌入，其中一些像素可能被多次修改，因此会造成更高的嵌入失真。文献[60]中的算法采用遗传算法来搜索接近最优的峰零值对。因此，当嵌入容量较低时，该算法具有较高的嵌入性能。但当需要嵌入较大载荷时,采用多层嵌入会造成较大的嵌入失真。因此,对于大多数应用和图像,它的性能都比提出的算法差。文献[123]中的算法将每个像素都嵌入 1 位,但是每个向量会被修改两次,所以它有很大的嵌入容量和失真。而所提的算法使用每幅图像的直方图更陡的二阶差分来嵌入信息位,所以它有较大的嵌入容量,在每个块中,只有一半的像素可以减少或增加一半的差值,所以它的失真较小。此外,随着窗口的滑动,有些像素先增大后减小,有些像素先减小后增大,整体的嵌入失真会进一步减小。因此,提出的算法是优于其他算法。

当嵌入载荷较小时,直方图的陡度对的嵌入性能影响不大,所以 SODH 的优势不明显。因此,在载荷较小的情况下,一些最先进的算法对于某些图像的嵌入性能可能优于提出算法,如图 7.8 和图 7.9 所示。由于文献[123]中算法的性能远低于其他算法,所以进一步测试了提出算法和其他 4 种算法在低嵌入载荷下的嵌入性能,如图 7.10 和图 7.11 所示。图 7.10 表明,对于某些图像,提出算法的嵌入性能的低于其他算法,对其他图像,提出算法的嵌入性能优于其他算法。例如,对图像 Pepper,文献[60,122,125]中的算法是优于提出算法的,对于图像 Bird,文献[122]中的算法优于提出算法,而对于图像 Chimney 和 Beach 提出算法优于其他算法。图 7.11 表明,提出算法的平均嵌入性能优于其他算法。因此,在嵌入容量较低时,提出算法也优于其他算法。

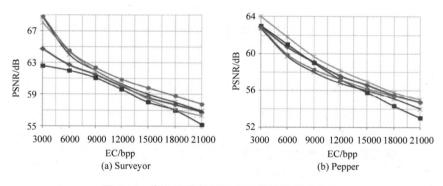

图 7.10　嵌入容量较低时各种算法性能的比较

因此,提出算法优于其他算法,特别是当嵌入载荷较大时,这种优势更加明显,同时,所提算法更适合大多数信息隐藏应用。

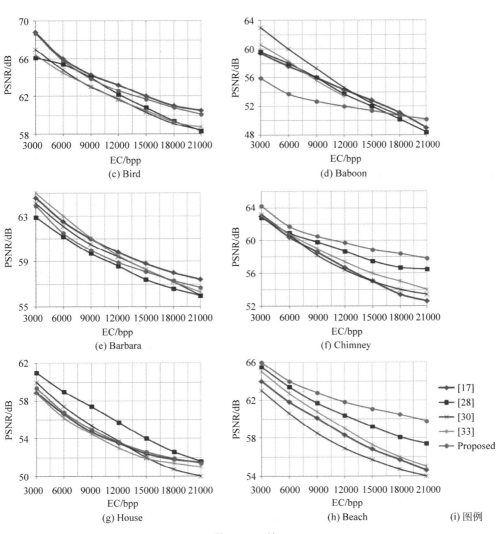

图 7.10 （续）

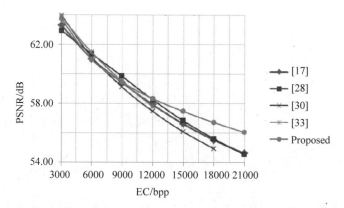

图 7.11　在嵌入容量较低时图像数据库中随机选取 100 幅图像进行平均性能的比较

7.4.3　计算复杂度的评价

由图 7.8 和图 7.9 可知,对于大小为 512×512 像素的灰度图,文献[122,124-125]中算法的嵌入容量分别小于 6000bpp 和 3000bpp,其嵌入图像质量也低于所提算法。虽然文献[123]中算法的嵌入容量较大,但其嵌入图像质量远低于所提算法,因此其嵌入性能远低于所提算法。当嵌入容量小于 20 000bpp 时,对于一些大小为 512×512 的灰度图,文献[60]中算法的嵌入图像质量可能高于提出算法。为了进一步评价所提算法的性能,继续与文献[60]中算法的计算开销进行比较。在实验中,测试了在大小不同的图像,不同的嵌入载荷下,所提算法和文献[60]中算法的计算时间(CT)。为保证测试的有效性,从图像数据库中随机抽取 100 幅灰度图像,并将其转换为大小分别为 512×512 像素、1024×1024 像素和 2048×2048 像素的图像。实验中采用的嵌入载荷分别为 0.2 位、0.3 位和 0.6 位。100 张图像的 CT 平均值如表 7.3 所示。表 7.3 说明以下两点。

(1) 两种算法的嵌入容量随嵌入负载的增加而增加,因为嵌入容量随着嵌入负载的增加而增加,例如,当图像大小为 1024×1024 像素,且嵌入负载为 0.2 位、0.3 位和 0.6 位时,提出算法的 CT 分别为 1.001bpp、1.397bpp 和 2.595bpp,文献[60]中算法的 CT 分别为 3.188bpp、3.608bpp、4.676bpp。

表 7.3 所提算法与文献[60]中算法的 CT 平均值比较

测试图像大小/像素	EC/bpp	[60]/bpp	Proposed/bpp
512×512	0.2	2.214	0.274
	0.3	2.345	0.349
	0.6	2.617	0.599
1024×1024	0.2	3.188	1.001
	0.3	3.608	1.397
	0.6	4.676	2.595
2408×2408	0.2	5.917	3.308
	0.3	7.228	4.838
	0.6	12.054	9.686

（2）与文献[60]中的算法相比，提出算法的 CT 要小得多，例如对于大小为 1024×1024 像素的图像，提出算法的 CT 比文献[60]中的算法分别减少了 68.6%、61.3%和 31.2%。因此，所提算法的计算性能远远优于文献[60]中的算法。

第 8 章

总结与展望

本章总结了前几章涉及的主要研究工作与创新性成果，并针对研究中存在的不足提出了研究方向的展望。

8.1 总结与创新

本书主要围绕 RDH 的核心问题展开研究，首先介绍了 RDH 的基本定义、分类以及当前的研究现状与存在问题；然后讨论 RDH 所需的基本数学理论基础以及信息隐藏后图像质量的基本评价指标；最后，针对当前 RDH 存在的问题提出了解决信息隐藏过程中的抗干扰具体办法，建立了信息隐藏过程中隐秘图像失真的数学模型，分析了具体信息隐藏中出现的上溢或下溢的原因，提出了相应解决措施，构造出了一些更为陡峭的误差差分分布直方图模型。

本书中主要的研究与创新主要表现在以下 5 方面。

1. 提出了基于有效位差分扩展的 RDH 算法

结合像素二进制有效位和差分扩展方法而提出了一种新的 RDH 方法。如果隐秘图像完好无损，则原始载体图像就能正确地恢复，其中的隐藏信息也能被正确地提取出来；另一方面，如果隐秘图像对一些非恶意的改变或噪声等也能具有一定的稳健性，则先将载体图像的像素分解较高有效位（higher significant bit，HSB）与最低有效位（LSB），并计算相邻像素间 HSB 的差分，然后通过差分平移法在 HSB 中隐藏信息，平移量和平移规则相对比较固定，因此能实现可逆性。由于像素的 HSB 和 LSB 是分离的，一些对隐秘图像非恶意的攻击并不能影响 HSB，因此算法具有一定的稳健性。

2. 提出了基于左右平移的大嵌入容量 RDH 算法

在提出的基于左右平移的大嵌入容量 RDH 算法中,先研究了矩形预测误差的分布特点:直方图的最高峰值点(即差分零值点)位于原点,其他峰值点以近似对称的形式分布在原点的左右,而其他差分零值点也近似对称地分布在原点两侧。根据此特点,首先将峰值点向右平移,留下部分空位用于隐藏信息,接着再将峰值点向左平移,再次留下部分空位用于隐藏信息。由于向右移增大像素,而向左移又会减小像素,故两次平移具有一定的综合性,能减小隐秘图像的嵌入失真。同时,通过分析预测误差条件,可以在不增加任何附加信息的情况下有效解决上溢或下溢问题。

3. 提出了基于双向差分扩展的 RDH 算法

在提出的基于双向差分扩展的无损图像信息隐藏算法中,首先以 Z 字形顺序扫描光栅图像,将二维图像转换为一维数组;然后,将相邻像素间的差分分别向左右两个方向扩展,并同时在左侧嵌入一位信息;最后,再将嵌入了信息位的隐秘一维数组转换为二维数组,得到隐秘图像。信息接收者接收到隐秘图像后,以 Z 字形顺序扫描光栅图像,将二维图像转换为一维数组;然后,将相邻像素间的差分分别向左右两个方向压缩,并同时在左侧提取一位信息;最后,将提取了信息位的解密一维数组转换为二维数组,得到无损载体图像。另外,利用两个像素的均值取值范围解决了上溢和下溢问题,并减小了隐秘图像的嵌入失真,即图像质量得到了提高,并增加了隐藏信息的安全性和抗攻击性。

4. 提出了一种有效的、无移位的多位 RDH 算法

在提出的有效的无移位的多位 RDH 算法中,首先根据像素与左右邻域的关系,将其作为可嵌入像素(EP)或不可嵌入像素(NEP),然后用一个由标记位、偏移量和嵌入位组成的新像素替换该像素。该算法无需差异直方图和扩展过程,利用标记位和嵌入位可以准确无误地提取嵌入数据,同时利用标记位、偏移位可以无损地恢复 EP 或 NEP。实验结果表明,与已有算法相比,该算法具有更高的容量、更好的视觉质量和较低的计算复杂度。

5. 提出了基于二阶差分的新型大容量 RDH 算法

在提出的基于二阶差分的新型大容量 RDH 算法中,首先在图像中滑动一个大小为 2×2 像素的窗口。对于窗口中的每个像素块,可以通过计算其两列的两个差值的绝对值来得到两个一阶差值。这样,就可以得到每个像素块的二阶差分,即两个一阶差分的差值的绝对值。通过扩展和移动二阶差分,可将信息位嵌入到块中。实验表明,该算法在计算复杂度、图像失真和嵌入性能等方面都优于现有的 RDH 算法。

8.2 研究不足与展望

1. 研究不足处

因 RDH 算法在军事保密、医学图像与信息保存以及版权保护等很多实际应用领域都有广泛地应用,故 RDH 的研究已成为当前国内外学者们的一个热点。虽然本书 RDH 研究也取得了一定的成果,可是还是有较多的 RDH 技术问题亟待解决,例如超大嵌入容量 RDH 算法的研究、大嵌入容量的隐秘图像对多种图像处理的抗攻击能力研究、隐秘图像的稳健性与嵌入容量的矛盾问题的研究、完整的评价理论体系的研究等。

2. 展望未来

虽然本书在当前 RDH 研究基础之上取得了一定的成果,但以下几个方面的研究工作还需要在下一步进行较深入的研究。

(1) 信息安全方面。加密和信息隐藏都是信息安全的研究,将两者结合起来进一步增强信息的安全性是下一步需要重点研究的方向。

(2) 超大嵌入容量方面。不断地提升隐秘图像的嵌入容量,利用一幅载体图像多幅隐秘图像的方法以及载体图像内插来放大图像从而形成超大嵌入容量的方法的研究,以解决超大嵌入容量的实际应用。

(3) 彩色图像信息隐藏技术方面。当前大多数的 RDH 方法研究都集中于对灰度图像的研究,利用的是灰度图像像素之间的相关关系进行信息隐藏,而彩色图像的 RDH 研究相对较少。但彩色图像除了像素间的相关关系外,还有各像素的不同颜色通道之间也有一定的相关关系,以及不同像素之间的不同颜色通道之间的相关关系都值得研究。

参 考 文 献

［1］ 吕英华. 图像信息隐藏及其应用[M]. 北京：科学出版社，2014.

［2］ 王振勇，张晓敏. 信息隐藏技术在电子商务中的应用[J]. 商场现代化，2007(16)：95-95.

［3］ 刘亚杰，周学广. 信息隐藏技术及军事应用[J]. 舰船电子工程，2006，26(4)：74-76.

［4］ WANG L，PAN Z，MA X，et al. A novel high-performance reversible data hiding scheme using SMVQ and improved locally adaptive coding method[J]. Journal of Visual Communication & Image Representation，2014，25(2)：454-465.

［5］ PAN J S，HUANG H C，WANG F H. A VQ-based robust multi-watermarking algorithm[C]// TENCON '02. Proceedings. 2002 IEEE Region 10 Conference on Computers，Communications，Control and Power Engineering. Beijing：IEEE，2002，1：117-120.

［6］ MIELIKAINEN J. LSB matching revisited[J]. IEEE Signal Processing Letters，2006，13(5)：285-287.

［7］ HUANG H C，WANG F H，PAN J S. Efficient and robust watermarking algorithm with vector quantization[J]. Electronics Letters，2002，37(13)：826-828.

［8］ CHANG C C，KIEU T D，CHOU Y C. Reversible information hiding for VQ indices based on locally adaptive coding [J]. Journal of Visual Communication & Image Representation，2009，20(1)：57-64.

［9］ CHANG C C，NGUYEN T S，LIN C C. A novel VQ-based reversible data hiding scheme by using hybrid encoding strategies[J]. Journal of Systems & Software，2013，86(2)：389-402.

［10］ CHANG C C，NGUYEN T S，LIN C C. A reversible data hiding scheme for VQ indices using locall-y adaptive coding[J]. Journal of Visual Communication & Image Representation，2011，22(7)：664-672.

［11］ YANG B. Reversible watermarking in the VQ-compressed domain[C]// Proc. Fifth Iasted International Conference on Visualization，Imaging，and Image Processing. Benidorm：ACTA，2005：298-303.

［12］ CHANG C C，LU T C. A difference expansion oriented data hiding scheme for restoring the original host images[M]. Amsterdam：Elsevier Science Inc. 2006.

［13］ KER A D. Steganalysis of LSB matching in grayscale images[J]. IEEE Signal Processing Letters，2005，12(6)：441-444.

［14］ KER A D. Improved Detection of LSB Steganography in Grayscale Images[C]// International Conference on Information Hiding. Berlin：Springer-Verlag，2004：

97-115.

[15] HARMSEN J J, PEARLMAN W A. Steganalysis of additive-noise modelabel information hiding[C]// Security and Watermarking of Multimedia Contents V. International Society for Optics and Photonics. Saita Clara：SPIE，2003，5020：131-142.

[16] TIAN J. Reversible data embedding using a difference expansion[J]. IEEE Trans. circuitsSyst.video Technol，2003，13(8)：890-896.

[17] 熊志勇，王江晴. 基于单向差分扩展的彩色图像可逆数据隐藏[J]. 光电子·激光，2010，30(12)：1212-1216.

[18] 熊志勇，王江晴. 基于预测误差差分扩展和最低有效位替换的可逆数据隐藏[J]. 计算机应用，2010，30(4)：909-913.

[19] ALATTAR A M. Reversible watermark using difference expansion of triplets[C]// IEEE International Conference on Acoustics，Speech，and Signal Processing，2003. Proceedings. Barcelona：IEEE，2003：i-501-504.

[20] ALATTAR A M. Reversible watermark using difference expansion of quads[C]// IEEE International Conference on Acoustics，Speech，and Signal Processing，2004. Proceedings. Mortreal：IEEE，2004：iii-377-80 vol.3.

[21] YAQUB M K，Al-Jaber A. Reversible Watermarking Using Modified Difference Expansion[J]. Jaber，2007，4(4)：134-142.

[22] HSIAO J Y，CHAN K F，CHANG J M. Block-based reversible data embedding[J]. Signal Processing，2009，89(4)：556-569.

[23] PENG F，LI X，YANG B. Adaptive reversible data hiding scheme based on integer transform[J]. Signal Processing，2012，92(1)：54-62.

[24] LIU C L，LOU D C，LEE C C. Reversible Data Embedding Using Reduced Difference Expansion[C]// International Conference on Intelligent Information Hiding and Multimedia Signal Processing. Kao hsiung：IEEE，2007：433-436.

[25] YI H，WEI S，HOU J. Improved reduced difference expansion based reversible data hiding scheme for digital images[C]// 2009 9th international conference on electronic measurement & instruments. Bejing：IEEE，2009：4-315- 4-318.

[26] ARHAM A，NUGROHO H A，ADJI T B. Multiple layer data hiding scheme based on difference expansion of quad[J]. Signal Processing 2017，137：52-62.

[27] AHMAD T，HOLIL M，WIBISONO W，et al. An improved Quad and RDE-based medical data hiding method[C]// IEEE International Conference on Computational Intelligence and Cybernetics. Yogyakarta：IEEE，2014：141-145.

[28] HUANG H C，CHANG F C. Hierarchy-based reversible data hiding[J]. Expert Systems with Applications，2013，40(1)：34-43.

[29] CHEN Y H，HUANG H C，LIN C C. Block-based reversible data hiding with multi-round estimation and difference alteration［J］. Multimedia Tools ＆ Applications，2015，75：1-26.

[30] 张正伟，吴礼发，赖海光，等. 基于 IWT 和广义差分扩展的可逆水印算法［J］. 计算机工程与应用，2016，52(8)：84-89.

[31] 项洪印，侯思祖. 基于差值位置图调整的信息隐藏优化算法［J］. 计算机工程，2016，42(3)：249-253.

[32] MANIRIHO P，AHMAD T. Information hiding scheme for digital images using difference expansion and modulus function［J］. Journal of King Saud University Computer and Information Sciences，2015，75：1-26.

[33] SHIU C W，CHEN Y C，HONG W. Encrypted image-based reversible data hiding with public key cryptography from difference expansion ［J］. Signal Processing Image Communication，2015，39(PA)：226-233.

[34] NI Z，SHI Y Q，ANSARI N，et al. Reversible data hiding［J］. IEEE Transactions on Circuits ＆ Systems for Video Technology，2006，16(3)：354-362.

[35] XUAN G，YAO Q，YANG C，et al. Lossless data hiding using histogram shifting method based on integer wavelets ［C］// International Workshop on Digital Watermarking. Berlin：Springer Berlin Heidelberg，2006：323-332.

[36] LIN C C，TAI W L，CHANG C C. Multilevel reversible data hiding based on histogram modific-ation of difference images［J］. Pattern Recognition，2008，41(12)：3582-3591.

[37] TAI W L，YEH C M，CHANG C C. Reversible data hiding based on histogram modification of pixel differences［J］. IEEE Transactions on Circuits ＆ Systems for Video Technology，2009，19(6)：906-910.

[38] LI X，ZHANG W，GUI X，et al. A Novel Reversible Data Hiding Scheme Based on Two-Dimens-ional Difference-Histogram Modification ［J］. IEEE Transactions on Information Forensics ＆ Security，2013，8(7)：1091-1100.

[39] OU B，LI X，WANG J. Improved PVO-based reversible data hiding：A new implementation based on multiple histograms modification ［J］. Journal of Visual Communication ＆ Image Representation，2016，38：328-339.

[40] LI X，LI B，YANG B，et al. A general framework to histogram-shifting-based reversible data hiding［J］. IEEE Transactions on Image Processing：A Publication of the IEEE Signal Processing Society，2013，22(6)：2181-2191.

[41] COATRIEUX G，GUILLOU C L，CAUVIN J M，et al. Reversible watermarking for knowledge digest embedding and reliability control in medical images ［J］. IEEE Transactions on Information Technology in Biomedicine A Publication of the IEEE

Engineering in Medicine & Biology Society，2009，13(2)：158-165.

［42］ CHANG Q C，et al. An Inpainting-Assisted Reversible Steganographic Scheme Using a Histogram Shifting Mechanism［J］. IEEE Transactions on Circuits & Systems for Video Technology，2013，23(7)：1109-1118.

［43］ LEE S，SUH Y，HO Y. Reversiblee Image Authentication Based on Watermarking ［C］// IEEE International Conference on Multimedia and Expo. Toronto：IEEE，2006：1321-1324.

［44］ HU Y，LEE H K，LI J. DE-Based Reversible Data Hiding With Improved Overflow Location Map［J］. IEEE Transactions on Circuits & Systems for Video Technology，2009，19(2)：250-260.

［45］ WENG S，ZHAO Y，PAN J S，et al. Reversible Watermarking Based on Invariability and Adjustment on Pixel Pairs［J］. IEEE Signal Processing Letters，2008，15(20)：721-724.

［46］ BONDE R. Reversible Data Hiding Through Histogram Shifting With A General Framework［J］. 2015，3(7)：32-34.

［47］ LIU L，CHANG C C，WANG A. Reversible data hiding scheme based on histogram shifting of n bit planes［J］. Multimedia Tools & Applications，2016，75(18)：11311-11326.

［48］ MATHEWS L R，HARAN V. Histogram shifting based reversible data hiding using block division and pixel differences［C］// International Conference on Control，Instrumentation，Communication and Computational Technologies. Kanyaku mari：IEEE，2014：937-940.

［49］ CHEN S，CHEN X，FU H. General Framework of Reversible Watermarking Based on Asymmetric Histogram Shifting of Prediction Error［J］. Advances in Multimedia，2017(2)：1-9.

［50］ LIN C C，Hsueh N L. A lossless data hiding scheme based on three-pixel block differences［J］. Pattern Recognition，2008，41(4)：1415-1425.

［51］ 邢慧芬，黄贵林，汤柱亮. 基于直方图平移和自适应插值的可逆水印算法［J］. 宿州学院学报，2017，32(7)：95-99.

［52］ 肖迪，杜社，郑洪英. 基于差值域直方图平移的密文可逆水印算法［J］. 计算机应用研究，2014，31(12)：3668-3672.

［53］ 郑淑丽，邢慧芬，王美玲，等. 基于直方图平移和差分直方图的可逆水印［J］. 系统仿真学报，2013，25(11)：2717-2722.

［54］ WANG Z H，LEE C F，CHANG C Y. Histogram-shifting-imitated reversible data hiding［J］. Journal of Systems & Software，2013，86(2)：315-323.

［55］ 武丽，海洁，张海瑞，等. 结合层次结构和直方图平移的无损数据隐藏［J］. 计算机工

程与应用，2016，52(24)：126-130.

[56] 吴万琴，阮文惠，贺元香. 一种基于直方图平移和局部复杂度的可逆水印算法[J]. 南京师大学报(自然科学版)，2016，39(3)：33-39.

[57] LI M，LI Y. Histogram shifting in encrypted images with public Key Cryptosystem for Reversible Data Hiding[J]. Signal Processing，2017，130：190-196.

[58] WU X，WENG J，YAN W Q. Adopting secret sharing for reversible data hiding in encrypted images[J]. Signal Processing，2018，143：269-281.

[59] XUE B，LI X，WANG J，et al. Improved reversible data hiding based on two-dimensional difference-histogram modification[J]. Multimedia Tools & Applications，2016，76(11)：1-19.

[60] WANG J，NI J，ZHANG X，et al. Rate and Distortion Optimization for Reversible Data Hiding Using Multiple Histogram Shifting [J]. IEEE Transactions on Cybernetics，2017，47(2)：315-326.

[61] HAZRA S，GHOSH S，DE S，et al. FPGA implementation of semi-fragile reversible watermarking by histogram bin shifting in real time[J]. Journal of Real-Time Image Processing，2017，14(1)：1-29.

[62] THODI D M，RODRÍGUEZ J J. Expansion embedding techniques for reversible watermarking[J]. IEEE Transactions on Image Processing：A Publication of the IEEE Signal Processing Society，2007，16(3)：721-730.

[63] HONG W，CHEN T S，SHIU C W. Reversible data hiding for high quality images using modification of prediction errors[J]. Journal of Systems & Software，2009，82 (11)：1833-1842.

[64] HONG W. An Efficient Prediction-and-Shifting Embedding Technique for High Quality Reversible Data Hiding[J]. Eurasip Journal on Advances in Signal Processing，2010，2010(1)：1-12.

[65] COLTUC D. Improved Embedding for Prediction-Based Reversible Watermarking[J]. IEEE Transactions on Information Forensics & Security，2011，6(3)：873-882.

[66] HONG W. Adaptive reversible data hiding method based on error energy control and histogram shifting[J]. Optics Communications，2011，285(2)：101-108.

[67] COATRIEUX G，PAN W，Cuppens-Boulahia N，et al. Reversible Watermarking Based on Invariant Image Classification and Dynamic Histogram Shifting[J]. IEEE Transactions on Information Forensics & Security，2013，8(1)：111-120.

[68] HONG W，CHEN T S，WU M C. An improved human visual system based reversible data hiding method using adaptive histogram modification [J]. Optics Communications，2013，291(6)：87-97.

[69] DRAGOI I C，COLTUC D. Local-prediction-based difference expansion reversible

watermarking[J]. IEEE Transactions on Image Processing，2014，23(4)：1779-1790.

[70]　WENG S，PAN J S. Adaptive reversible data hiding based on a local smoothness estimator[J]. Multimedia Tools & Applications，2015，74(23)：10657-10678.

[71]　SHI Y Q，LI X，ZHANG X，et al. Reversible data hiding：Advances in the past two decades[J]. IEEE Access，2016，4：3210-3237.

[72]　LI X，ZHANG W，GUI X，et al. Efficient Reversible Data Hiding Based on Multiple Histograms Modification [J]. IEEE Transactions on Information Forensics & Security，2017，10(9)：2016-2027.

[73]　LI X，YANG B，ZENG T. Efficient Reversible Watermarking Based on Adaptive Prediction-Error Expansion and Pixel Selection[J]. IEEE Transactions on Image Processing A Publication of the IEEE Signal Processing Society，2011，20(12)：3524-33.

[74]　LI X，LI J，LI B，et al. High-fidelity reversible data hiding scheme based on pixel-value-ordering and prediction-error expansion[J]. Signal Processing，2013，93(1)：198-205.

[75]　HE W，ZHOU K，CAI J，et al. Reversible data hiding using multi-pass pixel value ordering and prediction-error expansion [J]. Journal of Visual Communication & Image Representation，2017，49：351-360.

[76]　WANG X，DING J，PEI Q. A novel reversible image data hiding scheme based on pixel value ordering and dynamic pixel block partition[J]. Information Sciences，2015，310：16-35.

[77]　HE W，CAI J，ZHOU K，et al. Efficient PVO-based reversible data hiding using multistage blocking and prediction accuracy matrix [J]. Journal of Visual Communication & Image Representation，2017，46：58-69.

[78]　HSIAO J Y，LIN Z Y，CHEN P Y. Reversible Data Hiding Based on Pairwise Prediction-Error Histogram[J]. Journal of Information Recording，2017，33(2)：289-304.

[79]　LU T C，TSENG C Y，DENG K M. Reversible data hiding using local edge sensing prediction methods and adaptive thresholds[J]. Signal Processing，2014，104：152-166.

[80]　FU D S，JING Z J，ZHAO S G，et al. Reversible data hiding based on prediction-error histogram shifting and EMD mechanism [J]. AEU- International Journal of Electronics and Communications，2014，68(10)：933-943.

[81]　RAN R M，WONG K S，GUO J M. Reversible data hiding by adaptive group modification on histogram of prediction errors[J]. Signal Processing，2016，125(C)：315-328.

［82］ 韩佳伶，赵晓晖.基于图像梯度预测的可调节大容量可逆数据隐藏[J].吉林大学学报(工)，2016，46(6)：2074-2079.

［83］ 严菲，王晓栋.一种改进的预测误差扩展可逆数据隐藏算法[J].闽南师范大学学报(自然版)，2016，29(3)：21-26.

［84］ 张海峰，张伟，田天，等.基于预测误差扩展的高动态范围图像可逆数据隐藏[J].计算机辅助设计与图形学学报，2016，28(3)：427-432.

［85］ 熊志勇，李彪，王江晴.基于预测方式选择的可逆信息隐藏[J].光电子·激光，2017(10)：1139-1145.

［86］ CHEN H，NI J，HONG W，et al. High-Fidelity Reversible Data Hiding Using Directionally-Enclosed Prediction[J]. IEEE Signal Processing Letters，2017，PP(99)：1-1.

［87］ WENG S，PAN J S，ZHOU L. Reversible data hiding based on the local smoothness estimator and optional embedding strategy in four prediction modes[J]. Multimedia Tools & Applications，2016，76(11)：1-23.

［88］ HU X，ZHANG W，LI X，et al. Minimum Rate Prediction and Optimized Histograms Modification for Reversible Data Hiding [J]. IEEE Transactions on Information Forensics & Security，2015，10(3)：653-664.

［89］ OU B，LI X，WANG J，et al. High-fidelity reversible data hiding based on geodesic path and pairwise prediction-error expansion[J]. Neurocomputing，2017，226(22)：23-34.

［90］ CHANG C C，KIEU T D，CHOU Y C. Reversible data hiding scheme using two steganographic images [C]// TENCON 2007- 2007 IEEE Region 10 Conference. Taipei：IEEE，2007：1-4.

［91］ CHANG C C，CHOU Y C，KIEU T D. Information Hiding in Dual Images with Reversibility [C]// International Conference on Multimedia and Ubiquitous Engineering. Qingdao：IEEE，2009：145-152.

［92］ CHANG C C，LU T C，HORNG G，et al. A high payload data embedding scheme using dual stego-images with reversibility [C]// Communications and Signal Processing. Tainan：IEEE，2014：1-5.

［93］ QIN C，CHANG C C，HSU T J. Reversible data hiding scheme based on exploiting modification direction with two steganographic images[J]. Multimedia Tools and Applications，2015，74(15)：5861-5872.

［94］ LU T C，TSENG C Y，Wu J H. Dual imaging-based reversible hiding technique using LSB matching[J]. Signal Processing，2015，108(C)：77-89.

［95］ JAFAR I F，DARABKH K A，AL-ZUBI R T，et al. An efficient reversible data hiding algorithm using two steganographic images[J]. Signal Processing，2016，128：

98-109.

[96] LEE C F, WANG K H, CHANG C C, et al. A reversible data hiding scheme based on dual steganographic images [C]// International Conference on Ubiquitous Information Management and Communication. New York: ACM, 2009: 228-237.

[97] LEE C F, HUANG Y L. Reversible data hiding scheme based on dual stegano-images using orientation combinations [J]. Telecommunication Systems, 2013, 52 (4): 2237-2247.

[98] LU T C, WU J H, HUANG C C. Dual-image-based reversible data hiding method using center folding strategy[J]. Signal Processing, 2015, 115(C): 195-213.

[99] YAO H, QIN C, TANG Z, et al. Improved dual-image reversible data hiding method using the selection strategy of shiftable pixels' coordinates with minimum distortion [J]. Signal Processing, 2016, 135: 26-35.

[100] JANA B, GIRI D, MONDAL S K. Dual image based reversible data hiding scheme using (7,4) hamming code[J]. Multimedia Tools & Applications, 2018, 77(1): 763-785.

[101] JUNG K H, YOO K Y. Data hiding method using image interpolation[J]. Computer Standards & Interfaces, 2009, 31(2): 465-470.

[102] YANG C N, HSU S C, KIM C. Improving stego image quality in image interpolation based data hiding[J]. Computer Standards & Interfaces, 2017, 50: 209-215.

[103] JANA B. High payload reversible data hiding scheme using weighted matrix [J]. Optik- International Journal for Light and Electron Optics, 2016, 127 (6): 3347-3358.

[104] LEE C F, WENG C Y, CHEN K C. An efficient reversible data hiding with reduplicated exploiting modification direction using image interpolation and edge detection[J]. Multimedia Tools & Applications, 2017, 76(7): 9993-10016.

[105] MALIK A, SIKKA G, VERMA H K. An image interpolation based reversible data hiding scheme using pixel value adjusting feature [J]. Multimedia Tools & Applications, 2017, 76(11): 1-22.

[106] XIAO D, WANG Y, XIANG T, et al. High-payload completely reversible data hiding in encrypted images by an interpolation technique[J]. Frontiers of Information Technology & Electronic Engineering, 2017, 18(11): 1732-1743.

[107] MALIK A, SIKKA G, VERMA H K. Image interpolation based high capacity reversible data hiding scheme[J]. Multimedia Tools & Applications, 2017, 76(22): 24107-24123.

[108] ZHANG X, SUN Z, TANG Z, et al. High capacity data hiding based on interpolated image[J]. Multimedia Tools & Applications, 2017,76(7): 9195-9218.

[109] ZHANG X，QIAN Z，FENG G，et al. Efficient reversible data hiding in encrypted images[J]. Journal of Visual Communication & Image Representation，2014，25(2)：322-328.

[110] RAHMANI P，DASTGHAIBYFARD G. A low distortion reversible data hiding scheme for search order coding of VQ indices［M］. Hague：Kluwer Academic Publishers，2015,74(23)：10713-10734.

[111] YI S，ZHOU Y. Binary-Block Embedding for Reversible Data Hiding in Encrypted Images[J]. Signal Processing，2017，133：40-51.

[112] CHANG J C，LU Y Z，WU H L. A separable reversible data hiding scheme for encrypted JPEG bitstreams[J]. Signal Processing，2017，133：135-143.

[113] PENG F，LI X，YANG B. Improved PVO-based reversible data hiding[J]. Digital Signal Processing，2014，25(2)：255-265.

[114] QU X，KIM H J. Pixel-based pixel value ordering predictor for high-fidelity reversible data hiding[J]. Signal Processing，2015，111(C)：249-260.

[115] ZENG X T，PING L D，PAN X Z. A lossless robust data hiding scheme[J]. Pattern Recognition，2010，43(4)：1656-1667.

[116] 李红蕾，凌捷，徐少强. 关于图像质量评价指标 PSNR 的注记[J]. 广东工业大学学报，2004，21(3)：74-78.

[117] ARSLANW G，VALLIAPPAN M，EVANS B L. Quality assessment of compression techniques for synthetic aperture radar images［C］// International Conference on Image Processing，1999. ICIP 99. Proceedings. Kobe：IEEE，1999，3：857-861.

[118] PAN Z et al（2015）Reversible data hiding based on local histogram shifting with multilayer embedding[J]. J Vis Commun Image Represent 31(C)：64-74.

[119] WANG J et al（2017）Rate and Distortion Optimization for Reversible Data Hiding UsingMultipleHistogramShifting［J］. IEEE Transactions on Cybernetics 47（2）：315-326.

[120] CHEN H et al（2016）Reversible data hiding with contrast enhancement using adaptive histogram shifting and pixel value ordering［J］. Signal Process Image Commun 46：1-16.

[121] OU B，LI X，ZHAO Y，et al. Pairwise prediction-errorexpansion for Efficient reversible data hiding[J]. IEEE Trans. Image Process.，2013，22(12)：5010-5021.

[122] XIAO M，LI X，WANG Y，et al. Reversible data hiding basedon pairwise embedding and optimal expansion path[J]. Signal Process.，2019,158(5)：210-218.

[123] MANIRIHO P，AHMAD T. Enhancing the capability of data hiding method based

on reduced difference expansion[J]. Eng. Lett., 2018,26(1): 45-55.

[124] WANG J, MAO N, CHEN X, et al. Multiple histograms based reversible data hiding by using FCM clustering[J]. Signal Process., 2019,159(6): 193-203.

[125] WENG S, SHI Y, HONG W, et al. Dynamic improved pixel value ordering reversible data hiding[J]. Inf. Sci., 2019,136(7): 136-154.